百年观象 守望京城

——北京国家基本气象站的前世今生

杜传耀 主编

气象出版社
China Meteorological Press

图书在版编目（CIP）数据

百年观象　守望京城 ： 北京国家基本气象站的前世今生 / 杜传耀主编. -- 北京 ： 气象出版社，2024. 8.

ISBN 978-7-5029-8254-6

Ⅰ. P411

中国国家版本馆 CIP 数据核字第 2024B3D790 号

百年观象 守望京城——北京国家基本气象站的前世今生

Bainian Guanxiang Shouwang Jingcheng—Beijing Guojia Jiben Qixiangzhan de Qianshi Jinsheng

---

出版发行：气象出版社

地　　址：北京市海淀区中关村南大街 46 号　　**邮政编码**：100081

电　　话：010-68407112（总编室）　010-68408042（发行部）

网　　址：http://www.qxcbs.com　　**E-mail**：qxcbs@cma.gov.cn

责任编辑：宿晓凤　　**终　　审**：张　斌

责任校对：张硕杰　　**责任技编**：赵相宁

设　　计：北京追韵文化发展有限公司

印　　刷：北京地大彩印有限公司

开　　本：889 mm × 1194 mm　1/16　　**印　　张**：5.5

字　　数：100 千字

版　　次：2024 年 8 月第 1 版　　**印　　次**：2024 年 8 月第 1 次印刷

定　　价：78.00 元

《百年观象 守望京城
——北京国家基本气象站的前世今生》
编委会

主　编： 杜传耀

编写组（按姓氏笔画排序）：

王　辉　叶芳璐　朱建华　孙雪琪　李　栋　李　晋

张宏基　范雪波　胡天洁　秦彦硕　崔　炜　魏立川

序言

北京国家基本气象站，台站号54511，这个在全国气象站网系列和天气图上看似平凡的数字，其实是有着数百年历史的北京国家基本气象站——北京市观象台的台站代码。作为北京地区气象观测站中唯一一个参加全球常规气象资料交换的台站，这里的观测数据代表北京地区的气象资料。2020年，凭借近300年的观测记录，北京国家基本气象站成为当时世界气象组织（WMO）认定的百年气象站中全球观测时间最长的气象站。

北京市观象台的前身，最早可追溯到明正统七年（1442年），即建在北京市建国门立交桥西南侧的古观象台。在中国几千年的农耕文明中，“观天候气”一直有专门的部门来承担。每个封建王朝都在京城设有皇家观测机构，为帝王提供天文、气象的观测服务。元代有司天台；明代迁都北京后，于正统七年（1442年）修建了观星台；清代沿袭明制，观星台改称观象台（今古观象台），隶属钦天监，承担着“观天候气”和“敬授民时”等工作。天文气象人员日夜在观星台观测日、月、星、风、云、气和雷电等天文气象自然现象数百年，为后世留下大量珍贵的观测记录。清代的逐日天气现象被记录在《晴雨录》中，中国第一历史档案馆至今保存有雍正二年（1724年）至光绪三十年（1904年）北京呈报的《晴雨录》，其时间长达180年之久，是目前我国存档的北京地区最完整、年代最长的清代气象观测记载。

数百年来，从晨曦微露到繁星满天，从风吹雨落到雪飘雾漫，北京国家基本气象站就这样静默而坚定地见证着首都的“气象表情”，它将继续履行自己的职责，延续首都的气象记录，谱写首都气象观测新篇章。

目录

1724—1904 年
钦天监
今建国门立交桥西南侧

1849—1914 年
北京地磁观象台
东直门

1912—1928 年
中央观象台
今建国门立交桥西南侧

1929—1930 年
北平测候所
今建国门立交桥西南侧

1930—1937 年
北平气象台
今建国门立交桥西南侧

1937—1945 年
华北观象台
西郊公园（今动物园）

1946—1950 年
北平气象台、华北气象台
西郊公园（今动物园）

1950—1953 年
中央气象台
西郊公园（今动物园）

1953—1956 年
中央气象台
西郊五塔寺 7 号

1956—195
中央气象科学研
西郊五塔寺 7

序章 百年回望

所
年

1958—1959 年
中央气象局观象台
西郊五塔寺 7 号

西郊五塔寺 7 号
北京市气象台
1959—1964 年

1965—1968 年
北京市水利气象局气象站
大兴县东黑垡村东南

西郊彰化村市农科所院内
北京市水文气象台
1969—1970 年

1970—1978 年
北京市气象台
大兴县旧宫村东

大兴县旧宫村东
北京市气象局观象台
1978—1980 年

1981—1995 年
北京市气象局观象台
海淀区北洼路又一村

大兴县旧宫村东
北京市观象台
1996 年

2017 年至今
北京市气象探测中心
（北京市观象台）
大兴区亦庄段 10 号

2020年，北京国家基本气象站以近300年（1724—2020年）的观测记录，成为当时世界气象组织（WMO）认定的百年台站中全球观测时间最长的气象站。

明清时期观测保存下来的《晴雨录》《雨雪分寸》为研究古代气象观测、重建清代北京地区降水和气温序列、进行气候变化预测提供了宝贵的历史资料。

1912年在古观象台基础上成立的中央观象台是由政府建立的当时最具权威的官方气象机构，它开创了中国气象科学事业的新起点。这一时期诞生了中国第一张天气预报图，制定了最初的气象规范，培养了中国第一批气象人才，拟定的《扩充全国测候所意见书》对全国气象站网进行了布局规划，为中国近代气象事业的发展奠定了基础。

新中国成立后，经历了业务恢复和调整阶段、快速发展阶段，现如今的北京国家基本气象站是北京市大气探测领域的代表站和示范站，是北京地区气象观测站中唯一一个参加全球常规气象资料交换的台站，因此，其观测的气温也被称为“北京温度”；围绕观测基地、试验基地、培训基地、科普基地四个基地的发展定位，北京国家基本气象站打造了现代化的气象综合观测和气象保障体系，承担全市综合气象观测系统站网规划、综合气象观测、探测设备观测试验、装备维护保障、计量检定以及气象科普宣传等工作。从历史之悠久、参与国际气象信息交换之重要、观测项目之全、设备种类之多、技术含量之高等方面来看，北京国家基本气象站堪称中国第一气象观测台站。

近年来，北京国家基本气象站的气象业务已进入快速发展的快车道，统筹推进“地空天”一体化观测站网布局，构建现代化的综合气象观测体系。2020年，全市地面观测业务全面实现自动化，地面站网密度城区平均2～3千米、郊区平均3～5千米。已建成的全国首个高密度X波段雷达探测网，开创全国雷达协同观测的先例。依托中国气象局超大城市试验，建成了七个垂直观测超级站，实现了地面至对流层顶垂直大气的温度、湿度、风、水凝物、气溶胶等气象要素的分钟级廓线观测。垂直遥感观测体系的建设和应用，增强了北京地区对暴雨、冰雹等灾害性天气的监测和预警能力，提高了预报的时间、空间分辨率，给首都气象增添了新利器。此外，全国第一部业务探空系统在这里诞生，下一代北斗探空系统也率先在这里开展业务试验。北斗探空系统是基于中国自主技术，使用北斗导航系统提供的定位信息的国产探空系统，其综合精度将超过基于全球定位系统（GPS）技术的其他外国探空系统。

北京国家基本气象站还基于自身观测资源优势，大力发展科普业务，打造科普品牌，凭借深厚的气象历史文化底蕴，利用现代化的综合观测系统，开辟了气象科普的前沿阵地，走在了全国气象部门的前列。自2012年以来，北京国家基本气象站陆续被评为“全国气象科普教育基地”“全国科普教育基地”“全国中小学生研学实践教育基地”“北京市科普教育基地”“北京市中小学社会实践大课堂资源单位”“科技馆之城科技教育体验基地”“北京市科普体验之旅开放单位”，2020年更是入选首批16家国家气象科普基地。

第一章
百年气象观测的开端

第一节 北京国家基本气象站的前身

北京国家基本气象站的前身，是位于今北京市建国门立交桥西南侧的北京古观象台。北京古观象台建于明正统七年（公元 1442 年），是世界上现存最古老的天文台之一，同时也是我国明清两代的皇家天文台。它以建筑完整、仪器配套齐全、历史悠久而闻名于世。

早在元朝至元十六年（公元 1279 年），天文学家王恂、郭守敬等在今建国门古观象台北侧建了一座司天台，成为目前北京古观象台最早的溯源。明朝建立后，于明正统七年（公元 1442 年），钦天监在元大都城墙东南角楼旧址上修建观星台，放置了浑仪、简仪、浑象等天文仪器，并在城墙下建紫微殿、东西厢房和晷影堂等房屋。至此，观星台及其附属建筑群已颇具规模。

1644 年清政府建立之后，改观星台为观象台，并接受德国传教士汤若望的建议，改用欧洲天文学的方法计算历书。1669—1674 年，由康熙皇帝授命，比利时传教士南怀仁设计监制了 6 架天文仪器：赤道经纬仪、黄道经纬仪、地平经仪、象限仪、纪限仪和天体仪。康熙五十四年（公元 1715 年），法国传教士纪理安设计制造了地平经纬仪。乾隆九年（公元 1744 年），乾隆皇帝命人仿照中国古代传统“浑仪”结构设计制造了玑衡抚辰仪。至此，我们今天所看到的 8 架铜制天文仪器都已装备完毕。

八架古天文仪器科普知识

天体仪：重3850千克，高2.735米。被誉为“诸仪之宗”，古代叫做浑象，铸刻着各类星体的球体，配合各种标尺刻度，可以综合直观地显示其他仪器测得的星体位置，主要功能包括演示天体的运动，以及进行黄道坐标、赤道坐标和地平坐标的换算。

赤道经纬仪：重2720千克，高3.380米。有3个使用结构环，分别是固定的天元子午圈和赤道环架，以及中间可以东西旋转的赤道经环。坐标环架用云座和伏龙来衬托，龙爪踏斜十字交梁。交梁四端下卧铜狮，铜狮背部承受调平螺柱，用来调定仪器水平。最主要的功能是测量太阳时以及天体的赤道坐标经纬度。

黄道经纬仪：重2752千克，高3.492米。其外形与赤道经纬仪类似，不同的是环架部分有4环，分别是天元子午圈、过极至环、黄道经环和黄道环。其中，黄道环上刻有用中国古代称呼标记的西方黄道十二宫以及二十四节气名。底座承重交梁上有南北二龙相背，拱托着弧形云托。最主要的功能是测量天体的黄道坐标经纬度。

地平经仪：重1811千克，高3.201米。其主要部分是地平经度圈。有趣的是，四根支撑的云柱当中，南、西、北三柱是升龙，在地平经环的东西点上，也有两根龙形立柱，而唯独东柱是铜山。刻意铸造出五条龙，这显然和中国传统习惯有关："五"不仅是所谓的阳数，也象征着齐全和美满。主要用来测量天体的地平经度，也就是方位角。

象限仪：重2483千克，高3.611米。又称"四分仪"，是专门为测量天体的地平高度而设计的，主要部件是象限弧尺。弧尺内部用云、龙装饰，不仅能避免仪器变形，还可用饰件来调节仪器的平衡状态。

纪限仪：重802千克，高3.274米。其主要用来测量天球可见半球相距60°之内的任意两个天体间的角距离。

地平经纬仪：重7368千克，高4.125米。其合并了地平经仪和象限仪的功能，是唯一没有采用中国传统的祥云和龙装饰样式，而是采用文艺复兴时期装饰风格的仪器。

玑衡抚辰仪：重5145千克，高3.379米。其功能与赤道经纬仪类似。玑衡抚辰仪的制造与乾隆皇帝对古观象台的一次视察有关，它是中国最后一架大型青铜仪器。

资料来源：北京天文馆官方网站；申充，《古观象台：风雨涅槃五百年》，中华遗产2008年第5期。

摄影：武蓓蓓

1900 年八国联军侵占北京，德、法两国侵略者强行掠夺了古观象台的 8 架天文仪器连同台下的浑仪、简仪。法方将侵占的赤道经纬仪、黄道经纬仪、地平经纬仪、象限仪和简仪运到驻华使馆，后迫于世界舆论压力，于 1902 年归还中国。德方则将侵占的天体仪、玑衡抚辰仪、地平经仪、纪限仪和浑仪运至波茨坦离宫展出，在第一次世界大战后，根据《凡尔赛和约》规定，德国方面于 1921 年将仪器无偿运回北京，按原来的布局重新安装于古观象台台顶。

1912 年，新成立的民国政府接管了北京古观象台，改建为中央观象台，下设天文、历数、地磁、气象四科，隶属于中华民国教育部。1929 年，中央观象台改为国立天文陈列馆，不再进行天文观测。1931 年“九一八”事变后，日本侵略者进逼北平，文物保护迫在眉睫。置于台下的明制浑仪、简仪、漏壶、圭表和清制小地平经纬仪、折半天体仪等 7 架仪器被运到当时刚建成不久的南京紫金山天文台。至此，北京古观象台就只存有清制 8 架铜制天文仪器了。新中国成立后，作为国家级文物，古观象台及其 8 架古天文仪器的保护工作受到政府和专家学者的重视，多次进行修缮。1956 年，经过修缮的北京古观象台以“北京古代天文仪器陈列馆”之名对外开放。1982 年，北京古观象台被列为全国重点文物保护单位，并于 1983 年重新对外开放。

1984 年，为了做好城市气象服务，老站被重新启用。为了体现天文和气象的结合，其设备排布采用北斗七星分布特点布局，称为“七星站”，观测项目与观测要求与其他国家站要求相同。此项工作共延续 10 年，为累积城市中心气象资料做出了突出贡献。1995 年停止人工观测，在古观象台院内设立自动观测站，继续进行气象观测工作。

1956 年修缮后的北京古观象台

在中国古代，天文气象机构有数千年的历史。据《尚书·胤征》记载，早在夏代便已设立观测机构“羲和”，以“掌天地四时”。当时的气象机构多由世袭专业人员如羲、和、重、黎等充任。商代设立的机构太史寮，官职有巫、多卜、占、作册等：巫是最高的宗教官，掌握占卜“天象”与“气象”的大凶大吉；多卜、占是负责占卜天象和气象的专职人员；作册是史记官，负责记录气象。周代周文王时期，多地建立起灵台、灵囿用于观测天象、气象和物候。到了秦汉时期，设立了太史令，气象观测技术也得到长足发展，东汉张衡在担任太史令时，发明了世界上最早的风向仪——相风铜乌。国家还制定了观测天气和上报雨情的制度。唐代设立了太史局，天文学家李淳风供职太史局，他是世界上第一个给风力定级的人，并进一步把风向明确定为 24 个。到唐乾元元年，天文气象机构始称司天台，北宋司天监（太史局）在开封建观天台，观云雾星象，以预测风雨。各朝各代气象机构名称和职能分工略有不同，但天文气象机构一直被延续了下来。

北京古观象台在明清时期的机构名称为钦天监。钦天监是明代的天文历法机构，明朝建立后，继承元朝的机构设置，于洪武元年（1368 年）改太史院为司天监，后更名钦天监，“掌天文、定历数、占候、推步之事”，即形成钦天监下辖的天文、漏刻、大统历、回回历四科格局。

清代仍保留有钦天监，据《清会典》记载：“钦天监掌观天象，设观象台于京城东南隅，凡晴、雨、风、云、雷、霓、晕珥、流星、异星，皆察而记之。晴明风雨，按日记注，汇录于册，为《晴明风雨录》。缮写清、汉文各一本，于次年二月初一日恭进。”文中的观象台，即现在的北京古观象台。清代钦天监始设于顺治元年（1644 年），基本承袭明代机构设置，保留天文、漏刻二科，改回回历科为回回科，增设时宪科，负责观象、候时、择地、编

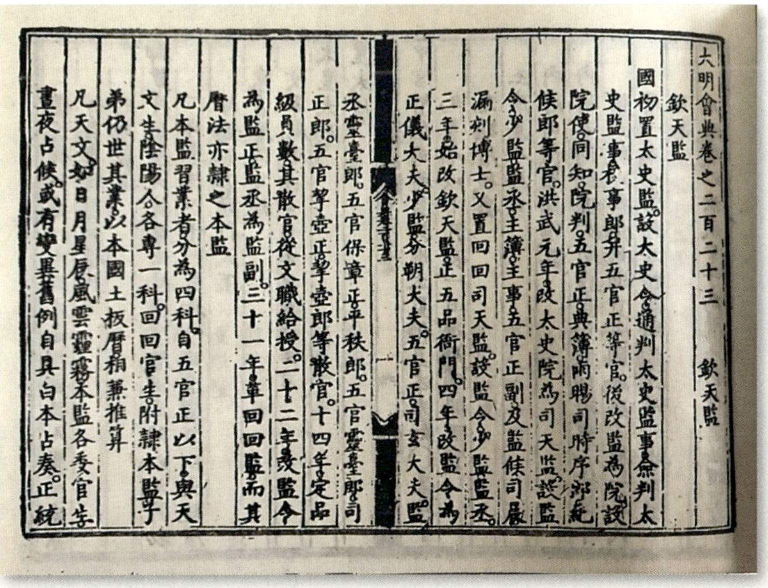

大明會典卷之二百二十三　欽天監

欽天監

國初置太史監設太史令通判太史監事僉判太史監事校書郎并五官正等官後改監為院設院使同知院判五官正典簿雨暘司時序郎紀候郎等官洪武元年改太史院為司天監設監令少監監丞主簿主事五官正副及監候司辰漏刻博士又置回回司天監設監令少監監丞三年始改欽天監正五品衙門四年改監令為正儀大夫少監為朔大夫五官正為司玄大夫監丞為靈臺郎五官保章正為平秩郎五官靈臺郎為司正郎五官挈壺正為挈壺郎等散官十四年定品級員數其散官從文職給授二十二年改監令為監正監丞為監副三十一年革回回監而其曆法亦隸之本監

凡本監習業者分為四科自五官正以下與天文生陰陽人各專一科回回官生附隸本監子弟仍世其業以本國土板曆相兼推算

凡天文如日月星辰風雲霜霧本監各委官生晝夜占候或有變異書例自具白本占奏正統

《大明会典》记载的钦天监职责

制时宪历书以及推算日月交食等工作。

中国古代司天机构的天象观测，绝不仅是对天体运动变化的观测，还包括对气象要素变化的观测。而且在日常观象工作中，气象要素观测要占据相当大的比例。从中国第一历史档案馆和北京天文馆古观象台合编的《清代天文档案史料汇编》一书中可以看出，清代司天机构钦天监保存下来的气象档案史料数量之多并不亚于天文档案史料。可见，气象工作是清钦天监观象工作的重要组成部分。气象史家王鹏飞甚至将清钦天监比作清代用来观测晴雨、风云等天气现象的国家级气象机构。

始建于明代正统年间的北京古观象台

第二节　钦天监开展的气象观测工作

气象观测是钦天监观象工作的重要组成部分。我们今天称之为“气象”的晴雨风雷，在清代与日月星辰一样同属“天象”。清钦天监气象观测和星象观测是一起进行的，观象工作具体由天文科负责。《清史稿·职官二》记载：“天文科掌观天象，书云物禨祥。率天文生登观象台，凡晴雨、风雷、云霓、晕珥、流星、异星，汇录册簿，应奏者送监，密疏上闻。”清钦天监开展天象观测的具体地点有两处：一处是钦天监衙署内部的司天台，另一处是其外署机构——观象台。清钦天监衙署位于今天安门广场东侧中国国家博物馆一带，而司天台则位于钦天监衙署之东，“钦天监官，每看天文立于此处”，台上陈设简单，没有观测仪器，可能是用于观察突发“天象”。相比司天台，观象台才是清钦天监开展天象观测的主要场所。观象台就是今天北京市建国门立交桥西南侧的北京古观象台。据朝鲜李朝人洪大容（1731—1783 年）的《湛轩书》外集卷九记载，“观象台在城东南隅，钦天监所司仪器测候之地”“观象台因城而筑之”“上有（天象观测）仪器，多系御制，且是国家重器”，其中，用于气象观测的仪器有测风的占风杆和测雨的量雨台。

清代历朝会典与会典事例对钦天监每日的天象观测流程有明确记载。康熙朝《大清会典》卷一百六十一记载：“每日满汉官各一员，督率天文生一十五员，在观象台昼夜观候，每一更，四人轮直，分定四面。”雍正朝《大清会典》卷二百四十七《钦天监下》记载：“凡观候天象，每日满汉官各一员，督率天文生一十五员，在观象台昼夜观候，每一更，四人轮直，分定四面。”乾隆朝《大清会典》卷八十六记载：“凡测候之法，设观象台于京城东南隅，日以满汉官各一人，率天文生十有五人，登灵台考仪器，以窥乾象，每时以四人分观四方，昼夜轮直。”嘉庆朝《大清会典》卷六十四记载：“设观象台于京城东南隅，日以满汉官各一人，率天文生十五人登台观候，每时以四人，分观四方，昼夜轮值。”光绪朝《大清会典》卷八十一记载：“设观象台于京城东南隅，直班满汉章京各一人，率班首天文生二人，直时天文生六人，昼夜观候，每二时以二人登台轮直，分观四方，凡五日为一班，月计六班。”

根据以上记载，从康熙朝至嘉庆朝，每日由“满汉官各一人”（如五官灵台郎、五官监候、博士、章京等），率“天文生十有五人”，登观象台观测天象，每个时辰或每一更以四位天文生分观四方，昼夜轮值。嘉庆以后，天文生由原来的十五人减至八人，即班首天文生二人、直时天文生六人，具体观测也从原先的“每时以四人分观四方”变为“每二时以二人登台轮直，分观四方”。这种分观四方、昼夜轮值的观测制度基本上可以避免“天象失占”现象的发生。

为保证天象观测无误，负责登台观象的天文生均是受过严格训练的专业人士。据《康熙实录》卷二十五记载：“天象关系重大，必得精通熟悉之人，乃可占验无误。著直隶各省督抚晓谕所属地方。有精通天文之人，即行起送来京考试，于钦天监衙门用，与各部院衙门官员一体升转。”康熙十五年八月初十日（1676年9月25日），康熙帝谕钦天监监正宜塔喇：“钦天监衙门专司天文历法，任是职者必当习学精熟。……尔衙门习学天文历法满洲官员，务令精勤习学。此后习学精熟之人，方准升用。其未经习学者，不准升用。”

关于清钦天监天象观测的记录与奏报情况，清代历朝《大清会典》也有明确记载。乾隆朝《大清会典》卷八十六载："按时记风、雷、云、气、流星诸象，次日报监。应奏者，按占密题；不应奏者，注册。"嘉庆朝《大清会典》卷六十四载："凡晴、雨、风、雷、云、霓、晕珥、流星、异星，皆察而记之。晴明风雨，按日记注，汇录于册，为《晴明风雨录》，缮写清、汉文各一本，于次年二月初一日恭进。每日云气，晕珥单双，及流星出没，彗孛诸异星，应奏者报监，按占具题，不应奏者，注册。"可见，观象人员要及时记录各种天象，并分为两种情况：一种是"应奏者"，需及时根据占书出具占语，并向皇帝上奏题本，主要是针对异常天象或特定时节的天象，比如日月交食、流星出没、正旦及八节的风向、初雷等，均要"即时报监，按占密题"；另一种是"不应奏者"，需进行"注册"存档，然后在规定时间上奏皇帝，比如每日的晴雨天气。

中国古人相信"天垂象，现吉凶"，常常将人世间的吉凶祸福与天象联系起来。依据占书给异常天象或特定时节的天象出具占语，是清钦天监的一项重要职责。"凡天象或有变异，据该值官呈报，应奏者按占密题，占书以《观象玩占》为准"，可见，《观象玩占》是清钦天监使用的最主要的占书，载有天、地、日、月、恒星、行星、彗流陨及云气、雷、电、风角等占验条文，所列占验内容，非常有条理且简要。如果钦天监没有如实对天象给出占语，诈为瑞应，依照《大清律例》将会受到严厉惩罚。

从现存清钦天监的气象档案记录来看，整个清代，钦天监的气象观测流程和记录奏报制度并没有发生本质上的改变，几乎没有受到西方气象科学的影响。根据这些保存下来的气象档案记录概括可知，清钦天监的气象工作大体分为两个方面，即日常气象工作和特定气象工作。特别是日常气象观测工作，主要是观测晴、雨、雪、风、云等，现存的资料有《晴雨录》《雨雪分寸》《观象台风呈》，北京地区的《晴雨录》和《雨雪分寸》相对比较完整，很多学者通过这些记录重建了历史数据，进行气候变化方面的研究。

（一）日常气象观测

1.《晴雨录》

晴、雨、风、云等气象要素是清钦天监日常气象观测的主要对象。清钦天监观象人员以子时为一天的起点，亥时为一天的终点，按照子、丑、寅、卯、辰、巳、午、未、申、酉、戌、亥十二个时辰，详细观测、记录每日雨、雪现象的起讫时间，并将雨、雪分为大、小、细、微等量级。这种逐日记载晴雨天气现象的表册，通常称为《晴明风雨录》，简称《晴雨录》，又称《晴雨册》《晴雨日期册》。从《晴雨录》的记载来看，清钦天监对每日晴雨天气的起讫时间记载比较详细，对晴雨天气的定量记载较模糊。

五月小　晴十一日　雨十八日
初一日　癸卯　未时微雨即止　申时微雨至戌时止
子时微雨即止
初二日　甲辰　丑时微雨至辰时止
初三日　乙巳　申时微雨至酉时止
初四日　丙午　晴
初五日　丁未　申时微雨即止　戌时微雨即止
初六日　戊申　子时微雨至丑时止
初七日　己酉　卯时微雨至午时止

雍正二年（1724）五月，北京《晴雨录》部分

清钦天监《晴雨录》始于雍正二年（1724年），止于光绪二十九年（1903年），期间缺少嘉庆十五年（1810年）、道光十一年（1831年）、道光二十四年（1844年）、咸丰元年（1851年）、光绪二十四年（1898年）、光绪二十六年（1900年）这六年，实际共有174年。对于《晴雨录》，中国气象局国家气候中心气候变化研究首席专家张德二评价说："史书中的降水记载，几千年未曾中断。但雨雪记载的详略因史书不同而有差别。最具科学价值的是钦天监和各地方上报朝廷的《晴雨录》，这是有组织的、连续的天气记录。"由此可见《晴雨录》资料之宝贵。1949年以后，我国的水利和气象部门依据这些《晴雨录》，编写出《京、津五百年旱涝历史资料》《北京气候资料》等气象资料，为研究和预测气候变化提供了宝贵的历史资料。后来，历史气候学界根据这些《晴雨录》，重建了清代北京地区降水序列，并复原了清代北京地区的气温变化。实际上，在雍正之前，清钦天监已开始观测记录北京地区的晴雨天气。目前，中国第一历史档案馆和国家图书馆仍然保存着一些零散的康熙年间的钦天监《晴雨录》。除此之外，康熙朝奏折档案中也大量记录了当时北京地区的晴明风雨情形，尤其是皇三子胤祉和康熙末年步军统领隆科多的奏折。例如，康熙四十六年五月十一日（1707年6月10日），"胤祉等奏报京城风雨并口外得雨田禾情形折"就详细记载着清钦天监日常气象观测内容："臣胤祉等谨奏：窃初八日晚戌时，赍到臣等本月初二日请安折，与御批同降旨曰：自初一日以来，每日刮东风或东南风，有云，未雨。至京城风情，著钦天监查奏。钦此钦遵。遣人往钦天监查。据钦天监少卿吴里库来报，据彼衙记载：初一日壬子，自子时至卯时刮西南大风，自辰时至亥时刮东南微风；是日酉时微雨即止，自戌时始雷雨至子时止……初十日辛酉，自子时至午时刮西南微风，自未时至亥时刮东北微风。等语。为此谨具奏闻。"

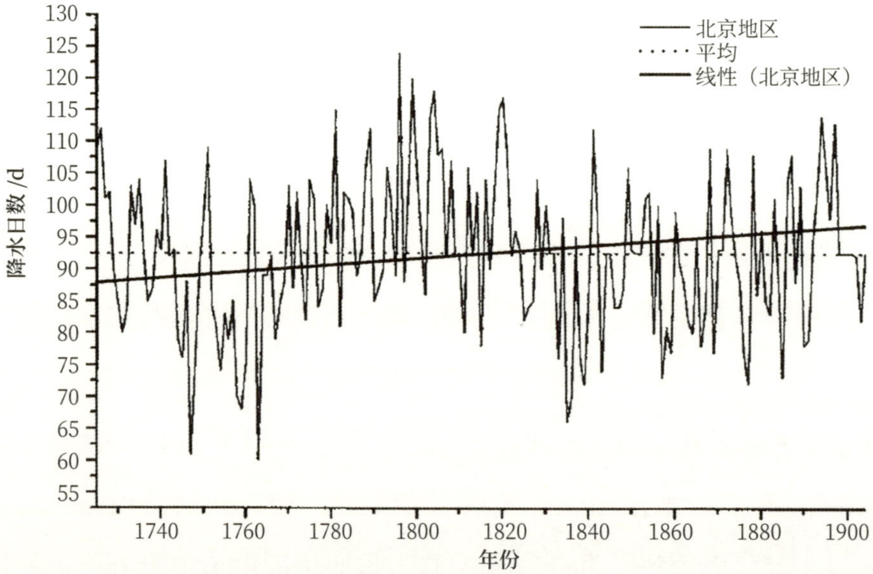

1725—1904 年北京地区年降水日数变化重建

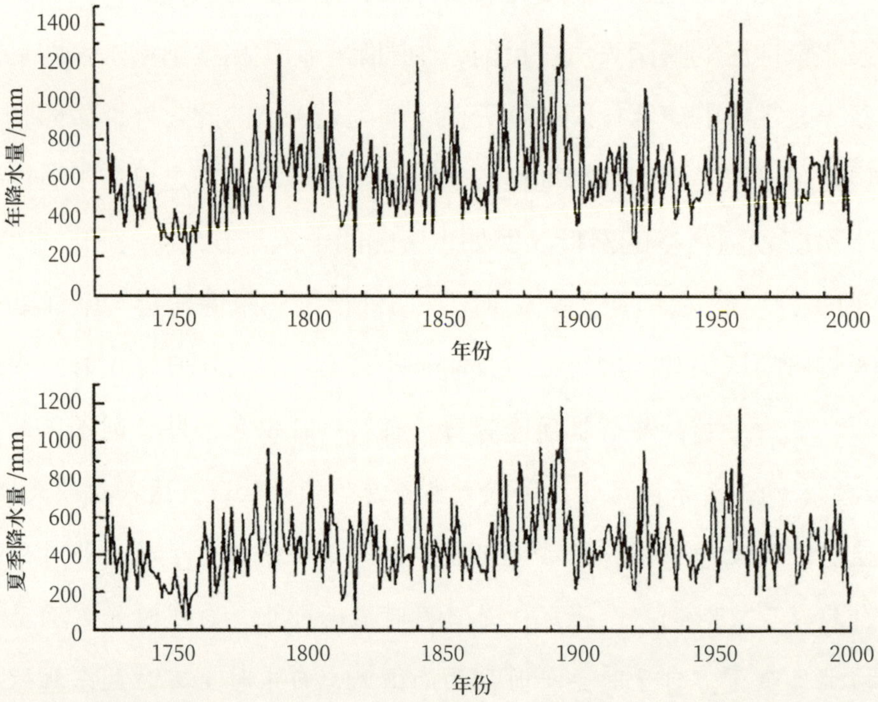

1724—2000 年北京地区逐年的年降水量序列（上）和夏季（6—8 月）的降水量序列（下）

胤祉的这份奏折详细转载了清钦天监对康熙四十六年五月初一至初十日（1707 年 5 月 31 日—6 月 9 日）北京地区晴雨和风情的观测记录。将这份奏折所载内容与清钦天监现存气象档案记录对比发现，这份奏折主要根据清钦天监的《晴雨录》和《观象台风呈》编写而成的。

关于清钦天监《晴雨录》的奏报，康熙初年要求当日记注晴雨天气现象，次日呈堂，年终奏报。清代内阁大库现存有钦天监黄册一类，为康熙二十四年（1685 年）山西、安徽、福建、浙江四省进呈的晴雨日期册。册首载有事由云："钦奉上谕：钦天监将京都一年内晴雨日期，年终奏闻。各省奏闻晴明风雨日期，并不增添事件，着督抚等亦于年终一年内晴明风雨日期奏闻。"此后不久，清钦天监《晴雨录》的上奏时间改为次年的二月初一日，并一直延续到清末。成书于康熙二十九年（1690 年）的康熙朝《大清会典》卷一百六十一记载："每岁晴雨，该直官生，按时验明，记注缮写《晴明风雨录》，满字一本、汉字一本，于次年二月初一日进呈。"笔者翻阅中国第一历史档案馆现存钦天监档案发现，钦天监奏报的《晴雨录》的题本日期均为"二月初一日"。

2.《雨雪分寸》

清代乾隆元年（公元 1736 年）起至宣统三年（公元 1911 年），朝廷要求全国范围内对每次降水过程的入渗深度或积雪厚度进行观测记录，并以清代的"寸"与"分"作为计量单位，故称"雨雪分寸"。雨雪分寸分为雨分寸和雪分寸，并分别有一定的观测规范要求：雨分寸观测方法是在发生一次降雨过程之后，选择一块地势较为平坦的农田向下掘土，当看到有明显的干湿交界层时停止，测量此时的深度即为雨分寸；雪分寸的观测方法是直接测量发生一次降雪过程之后的积雪厚度，与现代气象观测中的测量方式相同。

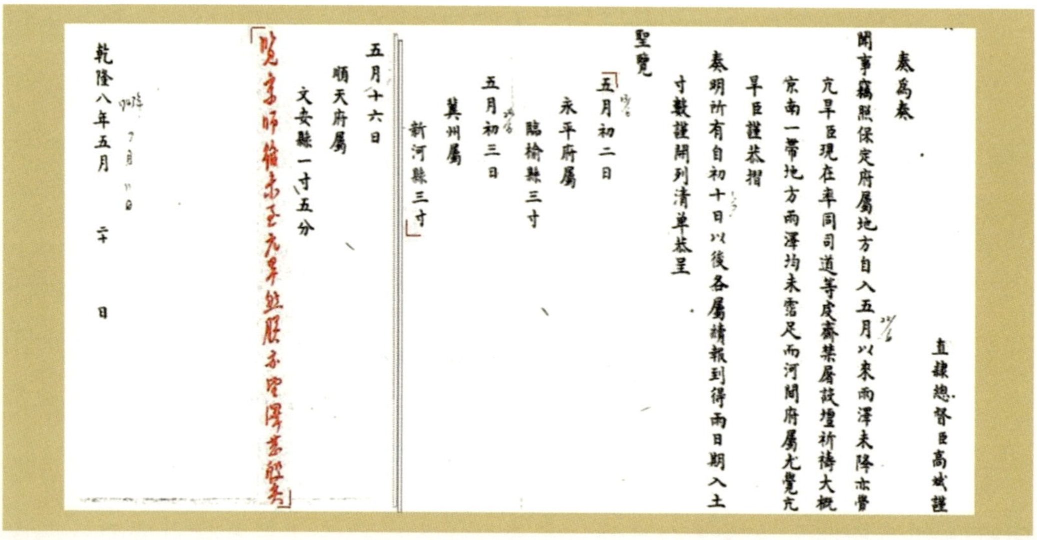
直隸總督臣高斌謹
奏爲奏
聞事竊照保定府屬地方自八五月以來雨澤未降亦嘗
亢旱臣現在率同司道等虔齋禁屠設壇祈禱大概
京南一帶地方雨澤均未霑足而河間府屬尤覺亢
旱臣謹恭摺
奏明所有自初十日以後各屬續報到得雨日期入土
寸數謹開列清單恭呈
聖覽
五月初二日
永平府屬
臨榆縣三寸
五月初三日
冀州屬
新河縣三寸
五月十六日
順天府屬
文安縣一寸五分
覽京師總亦至亢旱雖屢示望澤甚殷矣
乾隆八年五月 廿 日

乾隆八年（1743年）五月的雨雪“专报”奏折

为观测雨雪分寸，朝廷统一建立了系统的、连续的气候观测网，《雨雪分寸》中记载全国气象站点有270多个，北京地区涉及除观象台外的顺义、昌平、怀柔、密云、房山5个州县。其中，观象台级别较高，为国家级站点，其他州县为次一级站点。与康熙朝相比，乾隆朝诸如雨雪“专报”的奏折数量大大增加，占相关奏折的一半左右。《雨雪分寸》的奏报单位未见统一规定，有的以县为单位，有的以府或州为单位，还有的以省区或私人名义呈报；奏报的详细程度和频繁次数，随年代的不同而有所差异。

《雨雪分寸》是清代保存下来的相对完整的数据资料之一，中国科学院地理科学与资源研究所保存有其完整的手抄本，也对其进行了研究，进行了数据资料的重建，例如对北京地区1724—1911年降水资料进行了定量转换、分析，建立了以季为单位的降水数据集。

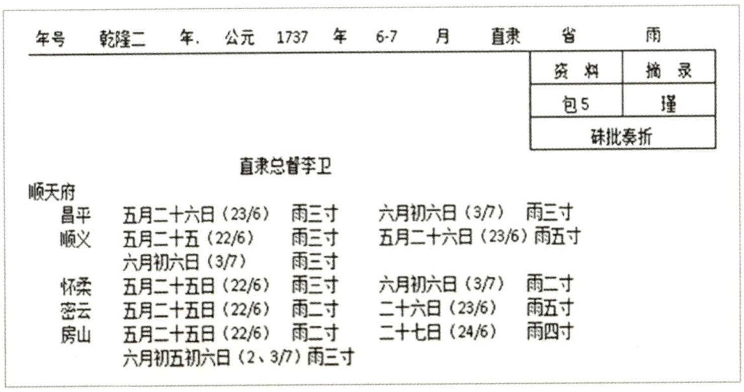

年号　乾隆二　年.　公元　1737　年　6-7　月　直隶　省　雨

资 料	摘 录
包 5	瑾
硃批奏折	

直隶总督李卫

顺天府

昌平	五月二十六日（23/6）	雨三寸	六月初六日（3/7）	雨三寸
顺义	五月二十五（22/6）	雨三寸	五月二十六日（23/6）	雨五寸
	六月初六日（3/7）	雨三寸		
怀柔	五月二十五日（22/6）	雨三寸	六月初六日（3/7）	雨二寸
密云	五月二十五日（22/6）	雨二寸	二十六日（23/6）	雨五寸
房山	五月二十五日（22/6）	雨二寸	二十七日（24/6）	雨四寸
	六月初五初六日（2、3/7）	雨三寸		

清代北京地区 5 个州县的雨雪观测站点

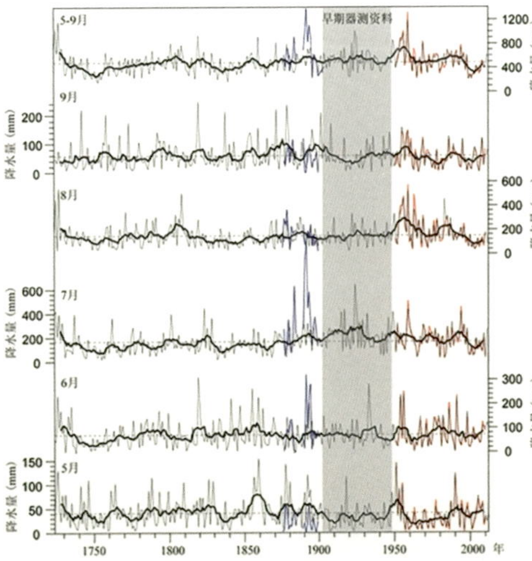

根据《雨雪分寸》重建的降水数据集

3.《观象台风呈》

1946 年，方豪先生在北平北堂图书馆读书时，偶然发现了四份清嘉庆朝钦天监的《观象台风呈》，分别记录着嘉庆十九年十月十一日（1814 年 11 月 22 日）、嘉庆十九年十二月十一日（1815 年 1 月 20 日）、嘉庆二十一年二月初七日（1816 年 3 月 5 日）、嘉庆二十一年七月初十日（1816 年 9 月 1 日）的风、云天气。其中，第四份观测记录最为详细。《观象台风呈》是木刻印成的红色表格，表中“嘉庆”“年”“月”“日”“观象台风呈”“值日官”“日出”“刻”“分”“昼”“夜”“班”“首”以及各时、各更，并“午正用象限仪测得太阳高”“一丈中表”“北影边长”“南北圆影长”，以及表末的“嘉庆”“年”“月”“日”“仪器交明接管讫”等字均是刻好的，其余字皆为毛笔填写。从仅存的四份《观象台风呈》来看，清钦天监会按时辰、更次对北京地区每日的风情进行详细观测与记录，每日形成一份《观象台风呈》表册。

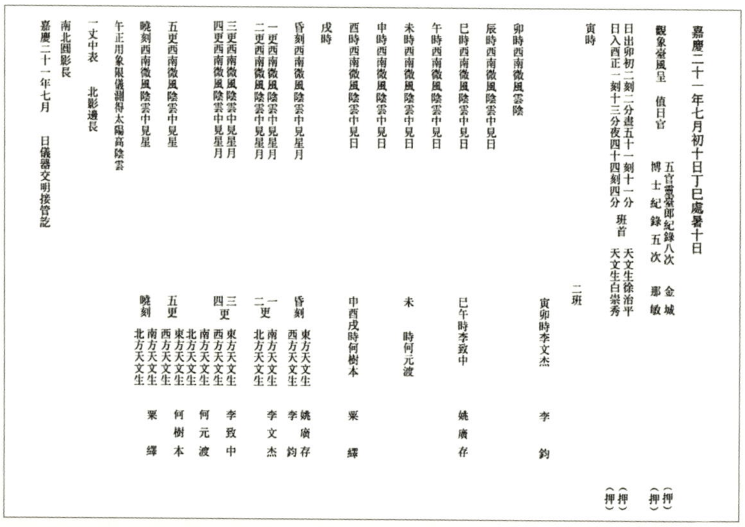
嘉慶二十一年七月初十日丁巳處暑十日
觀象臺風呈　值日官　五官靈臺郎紀錄八次　金城（押）
博士紀錄五次　那敏（押）
日出卯初二刻二分晝五十一刻十一分　天文生徐治平（押）
日入酉正一刻十三分夜四十四刻四分　班首　天文生白崇秀（押）
寅時　二班
卯時西南微風雲陰　寅卯時李文杰　李鈞
辰時西南微風陰雲中見日
巳時西南微風陰雲中見日　巳午時李致中　姚廣存
午時西南微風陰雲中見日
未時西南微風陰雲中見日　未時何元渡
申時西南微風陰雲中見日　申酉戌時何樹本　粟繹
酉時西南微風陰雲中見日
戌時
昏刻西南微風陰雲中見星月　昏刻　東方天文生　姚廣存
西方天文生　李鈞
一更西南微風陰雲中見星月　一二更　南方天文生　李文杰
二更西南微風陰雲中見星月　北方天文生
三更西南微風陰雲中見星月　三四更　東方天文生　李致中
四更西南微風陰雲中見星月　西方天文生
南方天文生　何元渡
北方天文生
五更西南微風陰雲中見星　五更　東方天文生　何樹本
西方天文生
晚刻西南微風陰雲中見星　晚刻　南方天文生　粟繹
北方天文生
午正用象限儀測得太陽高陰雲
一丈中表　北影邊長
南北圓影長
嘉慶二十一年七月　日儀器交明接管訖

嘉庆二十一年七月初十日（1816年9月1日）的《观象台风呈》

（二）钦天监的特定气象工作

清钦天监在开展日常气象观测的同时，还进行特定气象观测，主要包括两个方面：一是针对特定时节进行观测，即每年正旦、八节的风向观测和每年的初雷观测；二是针对特定对象进行观测，包括沙尘、雾、霾、晕等不定期发生的异常天气现象。特定气象工作需要根据《观象玩占》《钦定天文正义》等占书得出占卜结果，即占语，以预示吉凶祸福，并及时向帝王上奏题本。

1. 正旦、八节占风

风，被古人视为上天兆示人世吉凶的途径之一，具有星占学意义。中国古代历来有正旦、八节占风的传统。《史记·天官书》记载了“魏鲜集腊明正月旦决八风”之法，即以正月朔旦候八风来占卜一年的年景。正旦即正月初一，早在汉代就有正旦占卜气候以兆年成的风俗。八节指的是二十四节气中的八个主要节气，即立春、春分、立夏、夏至、立秋、秋分、立冬、冬至。

古人认为，此八节的盛行风向各占约45天，风向依次按8个方位，即北（坎）、东北（艮）、东（震）、东南（巽）、南（离）、西南（坤）、西（兑）、西北（乾），顺时针方向作相应转变。中国位于东亚季风区，全年盛行风向按季节作顺时针方向转变，但不能将这种变化绝对化。

清代对正旦与八节风向的观测极为重视，每逢正旦寅时及八节，钦天监天文科都要详细观测风向，并及时呈报观测结果及占语。康熙朝《大清会典》卷一百六十一载："每年正旦寅时，候风起何方，即行呈报；每岁八节，俱按时候风起呈报。"康熙十九年（1680）之前，"凡八节风占，新法俱预行推测，绘图进呈，康熙十九年（1680），奉旨停止，仍候风按占具题。"嘉庆朝《大清会典》卷六十二也载："元日，则占风，八节如之。观象台上建相风竿，置相风乌。元日寅时，及二至、二分、立春、立夏、立秋、立冬，各以交节之时，验风起何方，按占三日后具题。"

清钦天监正旦及八节的风向观候题本所载内容主要包括风向观测结果和根据占书出具的占语两部分。如乾隆二十一年二月二十日（1756年3月20日），《都察院左都御史兼管钦天监监正事务何国宗题观候本》记载："都察院左都御史兼管钦天监监正事务降三级留任臣何国宗等谨题，为观候事。据天文科该值五官灵台郎陈彬等报：本年二月二十日戊午午初二刻十分春分，二月中，候得其时风从西北乾方来。臣等谨按占书曰：春分之日，风从乾来，岁多寒，金铁贵。"

现存清钦天监正旦及八节的风向观候题本主要保存在钦天监档案、礼部档案（天文气象类）、奏折以及私人日记等史料中。中国第一历史档案馆与北京天文馆古观象台合编的《清代天文档案史料汇编》一书收录了相当一部分正旦及八节的风向观候题本，共有1271件。除此之外，从中国第一历史档案馆藏《钦天监题本专题史料》中整理出150件；从第一历史档案馆藏

清代北京地区正旦及八节的风向记录表

年份 \ 时节	正旦	立春	春分	立夏	夏至	立秋	秋分	立冬	冬至	立春①
雍正元年（1723）	东北艮风	东北艮风	正东震风	东南巽风	正北坎风	正北坎风	正西兑风	西北乾风	正北坎风	
雍正二年（1724）	东北艮风	东北艮风	西北乾风	东南巽风	正南离风	西南坤风	东北艮风	西北乾风	正北坎风	东北艮风
雍正三年（1725）	东北艮风		正东震风	东南巽风	正北坎风		正北坎风	西北乾风	正北坎风	
雍正四年（1726）	东北艮风	东北艮风	正东震风	东南巽风	正南离风	西南坤风	正西兑风	西北乾风	正北坎风	
雍正五年（1727）	东北艮风	东北艮风	正东震风	东南巽风	正北坎风	西南坤风	正西兑风	西北乾风	正北坎风	东北艮风
雍正六年（1728）	东北艮风				正南离风	西南坤风	西南坤风	正北坎风	正北坎风	
雍正七年（1729）	东北艮风	东北艮风	正东震风	东南巽风	正南离风	西南坤风	东北艮风	西北乾风	正北坎风	东北艮风
雍正八年（1730）	东北艮风		正东震风	东南巽风	正西兑风	西南坤风	东南巽风	正东震风	正北坎风	东北艮风
雍正九年（1731）	东北艮风		西北乾风	东南巽风	正南离风	东北艮风	东北艮风	西南坤风	西北乾风	
雍正十年（1732）	东北艮风	东北艮风	西北乾风	东南巽风	正东震风	西南坤风	东南巽风	西北乾风	正北坎风	东北艮风
雍正十一年（1733）			正东震风	正东震风	正南离风	西南坤风	正北坎风	西北乾风	正北坎风	
雍正十二年（1734）	东北艮风	东北艮风	正东震风	东南巽风	正南离风	西南坤风	东北艮风	西北乾风	正北坎风	
雍正十三年（1735）	东北艮风	正北坎风	正东震风	正北坎风	正南离风	西南坤风	正西兑风	西北乾风	正北坎风	东北艮风

资料来源：王挺、吕凌峰、储文娟：《清钦天监气象工作的考察》，《中国科技史杂》2018年01期。

注：① 立春为每年的2月3日或4日，一个农历年存在两个立春日、一个立春日和无立春日三种情况。

《光绪朝军机处录副奏折》中整理出光绪二十六年（1900 年）立冬至光绪二十七年（1901 年）夏至 7 个节气的风向记录；还在《翁同龢日记》同治五年三月二十五日（1866 年 5 月 9 日）的日记中发现当年夏至日的风向观候题本。综上所述，目前一共发现 1429 件清钦天监正旦及八节风向观候题本。根据这些风向观候题本，整理出了清代北京地区正旦及八节的风向记录表。

清钦天监观测正旦及八节风向的目的在于占卜，预测吉凶祸福。清初，正旦及八节风向观候题本中的占语主要来自《观象玩占》中的“岁首风占”和“八节风占”。乾隆二十三年（1758 年），乾隆帝“以天文家推占旧说，率多附会”为由，下令编撰《钦定天文正义》，并规定“所有八节风占及星宿吉祥之类，遵照此书摘取”，但从现存档案史料来看，乾隆之后的正旦及八节风向的占语仍来自《观象玩占》。出具占语之后，正旦及八节的风向观候题本需及时上奏。乾隆朝《钦定大清会典则例》卷一百五十八记载：“占候八节风占，皆用题本，即日具题，如封印后，暂用奏本，即日带回，竢开印后，仍用题本，送内阁。”嘉庆十四年（1809 年），嘉庆帝谕曰：“自本年夏至起，每届节令，均于第三日具题，以备省览。”此后，正旦及八节风向观候题本的上奏时间一般在风向观测的第三、四日。

2. 观测初雷

鉴于农业、星占等方面的需求，清钦天监十分重视初雷天气的观测与记录。初雷，即每年的第一次雷暴，预示着天气变暖和雷雨季节即将来临。在古代，初雷对农业生产有重要指导作用，例如农谚有“惊蛰一声雷，农家春耕勤”“春雷响，万物长”等。清钦天监对北京地区的初雷观测十分重视，每年都会将观测到的初雷发生的时间、伴随天气、方位、雷声次数、声音状态，以及根据占书出具的占语等内容列于初雷观候题本，上奏帝王。

清政府重视观测初雷天气主要出于两个原因。一是初雷为节气气象，而节气气象客观反映了中国季节变化与气候特点，是古人从事农业生产的重要时间工具。初雷对节气变化有指向性的作用，“万物出乎震，震为雷，故曰惊蛰，是蛰虫惊而出走矣”。惊蛰时，气温回升，初雷发生，农作物开始返青。农人一般将惊蛰节气视为农耕的开始，“惊蛰一声雷，农家春耕勤”“春雷响，万物长”，这些农谚生动反映了初雷“惊醒”农田的情景。初雷发生时往往也会伴随着阴雨天气，预示着雷雨季节即将来临，对春耕十分有利。如康熙五十二年（1713 年）初雷发生时，胤祉上奏“春间见此大雨，此实甚奇，内外老幼无不欢忭”。基于此，清代重视初雷的观测与记录，是为了能够掌握节气的变化，旨在不违农时，并且及时了解降水情况，以便更好地规划农业生产。观测初雷受到重视的另一原因则与国家星占活动有关。风雷、云气、晕珥与日月星辰同属“天象”，均关乎国家的治理，故历朝历代“设立专官，职司占候”。初雷作为特殊“天象”之一，自然受封建帝王和“司天”机构的重视。前文已述，每条初雷记录后面都会出具占语。甚至清代朝廷对所用占书也有具体的规定，“本朝定制，凡瑞变占辞以《观象玩占》书为据”，据现存初雷记录可知,当时初雷出具的占语主要来自该书的卷四十二“雷占”。

3. 观测异常天气现象

沙尘、雾、霾、晕等不定期发生的天气现象属于清钦天监观测范围中的异常天象，被认为是“上天的警示”。清钦天监观象人员将这类观测结果呈报钦天监后，需要根据占书得出占语，以预示吉凶祸福。

沙尘。如康熙十六年三月十八日（1677 年 4 月 19 日），《钦天监治理历法南怀仁题观候天象本》记载：“据天文科该直五官灵台郎索博等十八日卯时呈报：本年三月十七日癸巳申时，有尘气从西北方向起，四方浑浊，候至昏刻一更，天雨土。臣等谨按占书曰：天雨土，君失封。一曰：是谓黄青土失其性也，百姓劳苦而无功。一曰：内淫乱，百姓劳，不肖者禄，则天雨土；下人叛，民人负子，东西莫知其乡。一曰：主不安，外戚有谋。”

雾。如康熙十七年三月初七日（1678年3月29日），《钦天监监正宜塔喇题观候天象本》记载：“据天文科该直五官灵台郎阿里沙等呈报：本年三月初七日戊寅卯时，观见雾从东北艮方起，其雾苍白色，乍合乍散。候至辰时，四方沉重，合于中央。臣等谨按占书曰：雾乍合乍散，臣有谋逆者，不成自亡。一曰：雾从四方来合于中央，即为兵起。一曰：戊日雾，土功兴，军在外则有拔城。”

清前期，钦天监对这些异常天气现象出具占语均依据《观象玩占》，嘉庆以后所依据的占书则改为《钦定天文正义》。嘉庆二十三年四月初八日（1818年5月12日），北京“暴风骤至，尘土晦蒙”，嘉庆帝以为是上天的警示，于是责怪钦天监“迟至三日……并未推占具奏”，并命令即时“详考占经”。钦天监查毕上奏曰：“详查《钦定天文正义》内载：天地四方昏蒙若下尘雨，不占衣而土，名曰霾。故曰：天地霾，君臣乖，大旱，又为米贵等语。”

根据现存清钦天监档案记录，异常天气现象观候题本在记录与出具占语之后，基本上都是立即上奏的，一般是在异常天气现象发生的当日或次日。

第三节 外国传教士在中国开展的气象观测工作

（一）比利时传教士最早把西方气象仪器引入中国

最早把西方近代气象仪器和观测方法传入中国的是比利时的南怀仁神父，他于清顺治十五年（1658 年）来到澳门，次年进入内地传教，1660 年奉召进京纂修历法。当年，他在呈献给顺治皇帝的贡品中，就有西方早期的温度计和湿度计。清康熙八年（1669 年），南怀仁担任钦天监监副，次年，受康熙之命改建北京古观象台。期间，他制造了包括“验燥湿器”（湿度计）和“验冷热器”（温度计）等天文气象仪器，并在其撰写的《灵台仪象志》中，详细介绍了温度计、湿度计的制作、使用和校验的方法。

南怀仁

（二）法国传教士最早在北京开展仪器观测

现存气象观测记录表明，最早在中国进行气象观测的是法国传教士宋君荣（Antoine Gaubil，1688—1759 年），也就是竺可桢先生在《前清北京之气象记录》一文中所说的哥比神父（Peter Gaubil）。清乾隆八年（1743 年）春夏季节，华北地区干旱炎热，特别是 7 月 13 日至 25 日期间，出现异常酷热的高温天气。哥比神父使用法国科学家拉谋（Reaumur）制作的酒精温度表（0° 为冰点，80° 为最高读数）在其寓所进行气温观测。他特别记录下了所做的几组气温观测数据：“20 日和 21 日下午 3 点半，拉氏温度为 33¼……25 日为 35½，达到了温度极高点。25 日晚到 26 日晚间，刮东北风并下了雨，26 日温度是 25½……”此后，他仍断断续续地进行气象观测，从 1743 年 7 月至 1746 年 3 月，留下了大约 250 组北京的气温观测记录。

张德二研究员 1998 年在布鲁塞尔比利时皇家科学院工作期间，曾在布鲁塞尔的皇家图书馆找到了哥比神父 1743 年 7 月至 1746 年 3 月的逐日温度记录和 1757—1762 年的逐日观测资料。这些气温观测数据，可以说是目

哥比神父宋君荣

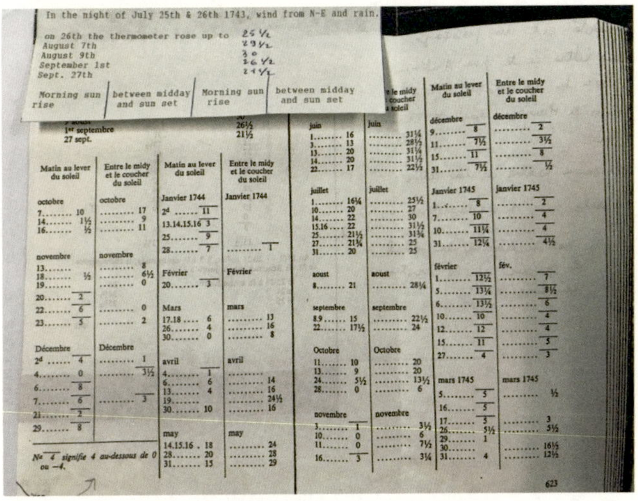

哥比神父的 250 组北京气温记录

前所发现的西方传教士在中国最早的气象仪器观测记录。其中，1743 年 7 月的气温观测数据已被用于研究我国历史极端高温事件。张德二研究员研究指出，1743 年夏季，华北地区出现大范围高温酷暑天气，在这次炎夏高温事件中，北京的极端日最高气温达 44.4 ℃，出现在 1743 年 7 月 25 日，它超过了 20 世纪两次夏季高温事件（1942 年和 1999 年）的气温极值，以至于可以将之作为出现在相对温暖的气候背景下的工业革命之前二氧化碳较低排放水平时的极端高温实例。

（三）俄国传教士在中国（北京）创建第一个观象台

清道光二十一年（1841 年），俄国东正教以教堂为据点，在北京开始作系统的气象观测。最初的观测员是一位不属于教会的俄国人嘉锡开佛（Gaschkewitsch），有两位教士罗骚（Rosow）和侏里（Guri）协助观测。每天观测 9 次，观测时间为东经 120° 地方平均时 05 时、07 时、09 时、11 时、13 时、15 时、17 时、19 时、21 时，观测的气象要素有气压、气温、绝对湿度、比湿、风向、降雨（雪）量、天空状况等，这是中国近代最早正式、连续进行气象仪器观测的起始记录。清道光二十九年（1849 年），俄国东正教在“奉献节教堂”附近正式建立了“地磁观象台”（Magnetic Meteorological Observatory），其气象观测场则正式迁入新台址（经纬度：39°57′N、116°29′E，海拔高度：37.5 米），并由俄国中央科学院任命斯开旭高（Skatschkow）为地磁观象台第一任台长。

北京地磁观象台是外国教会组织在中国创建的第一个观象台，也是在中国最早使用近代气象仪器连续进行观测的气象台站，其观测记录从清道光二十一年（1841 年）开始，断断续续，直到民国三年（1914 年）12 月止。

第二章

中国气象科学事业的起点

明清时期，气象逐步从天文历法中分离出来，开始进行雨、雪、风、晴等简单的天气观测，保存下来的《晴雨录》《雨雪分寸》即为证明，但这一时期整体观测比较零散，没有系统、完整的记录。1912 年，国民政府正式成立气象机构开展观测，形成了现代气象观测体系雏形，中央观象台及气象科的成立开启了中国气象科学事业的起点——制定了地面观测规范；绘制了第一张天气预报图，进行预报初试；拟定了《扩充全国测候所意见书》，对全国气象观测站网规划；培养了中国第一批气象人才……每一项工作都具有重大意义，并为此后气象事业的发展奠定了基础。

第一节　第一个自办气象台——中央观象台

1912 年中华民国临时政府在南京成立以后，为了开展国家气象事业，由教育部派人于 6 月到北京筹办中央观象台，负责筹划和接收工作。当时，关于气象机构应设立在农林部还是教育部的问题，曾一度引起争论。1912 年 11 月 29 日，临时大总统公布北洋政府参议院决议，在北京东城建国门泡子河北京古观象台遗址组建中央观象台，隶属于教育部。中央观象台设立天文、历数、气象和磁力四个科，是该时期政府建立的最具权威的官方气象机构。

（一）中央观象台气象科的设立

中央观象台首任台长由中国著名天文学家高鲁担任。高鲁早年就读于福建马江船政学堂，1905 年到比利时布鲁塞尔大学留学，获该校工科博士学位。高鲁上任后，参照当时欧洲天文和气象研究机构的体制和经验，对原钦天监大刀阔斧地进行改革，提出筹建大型现代化天文台的规划。1913 年，高鲁赴日本考察讲学，回国后，致力于北京天文台的筹建工作，正确测定北京经纬度，以中央观象台名义颁发国际通用按月份排定历书，为中国天文气象研究奠定了基础。

中央观象台第一任台长高鲁

高鲁任职中央观象台期间，致力于气象工作的开拓，设立了气象科，蒋丙然为气象科第一任科长。气象科主要负责气象观测工作，还举办气象训练班，培养气象观测人员，以及刊行《气象月刊》，宣传气象知识。

气象科第一任科长蒋丙然

起初，气象科的观测工作比较艰巨。当时清政府这个机构遗留下来的气象仪器极少，只有一个空盒气压表和最高、最低温度表等仪器，难以开展正常业务。气象科一方面自己设计制造雨量计和百叶箱，另一方面向国外购买气象仪器，将简单的观测场建成以后，便开始了观测，蒋丙然亲自担任观测员。开始每日观测 3 次，主要是温度、气压、湿度的观测，1914 年，向国外购买仪器后，改为每日观测 4 次，观测要素扩充到气压、温度、湿度、风、雨量、云类、最高最低温度、地温等项目。到了 1915 年，观测设备经不断充实已较为完备，气象科便制定了观测规定（最初的观测规范），确定 24 小时观测制度，由 6 人轮流担任，观测工作开始走向规范化、正规化。此外，为了对外宣传气象知识，气象科还编印了《气象月刊》，1916 年改为《观象丛报》，同时，蒋丙然编写的《实用气象学》成为中国近代气象学的第一本专书。

《观象丛报》所刊论文涉及天文、气象、历数、地磁、地震等各个方面，其中天文和气象所占篇幅最大。《观象丛报》所载的 100 余篇气象学文章大致可分为 5 类。第一类是气象学史研究，如竺可桢的《气象学发达之历史》、高鲁的《气象学与社会之关系》、蒋丙然的《气空之过去及未来》。第二类是对虹、晕和光环的研究，主要是蒋丙然和王应伟的相关文章。第三类是对风、云、雷电、雨、雪、雹等的研究，主要是蒋丙然、王应伟、胡文耀的文章。第四类是气象测候表，测候表包括对北京和全国其他城市气象要素的测候记录，北京的较为详细，其他城市的较简略。《观象丛报》各册均列有上月气象测候表。第五类是著作，《观象丛报》连载了蒋丙然的《通俗气象学》《航空应用气象学》《实用气象学》3 部著作。《观象丛报》文章的作者基本上就是蒋丙然等几个人，这反映出当时国内气象人才十分匮乏。1922 年，《观象丛报》改为专刊，《气象月刊》又重新出版并广泛流传。中央观象台用这些专刊与国内外 300 余家学术机构进行交换，促进了国内外气象学界的沟通与交流。通过交换获得的刊物和资料，中国气象学者能够及时了解当时先进的气象思想、理论和成果，这对推动我国近代气象学的发展起到了有益的作用。

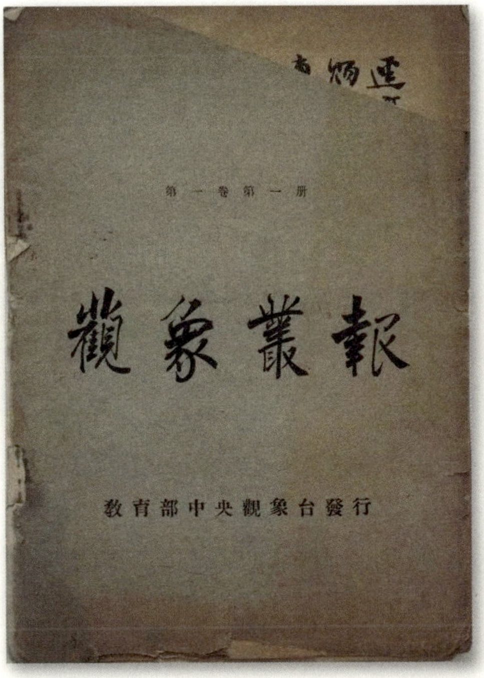

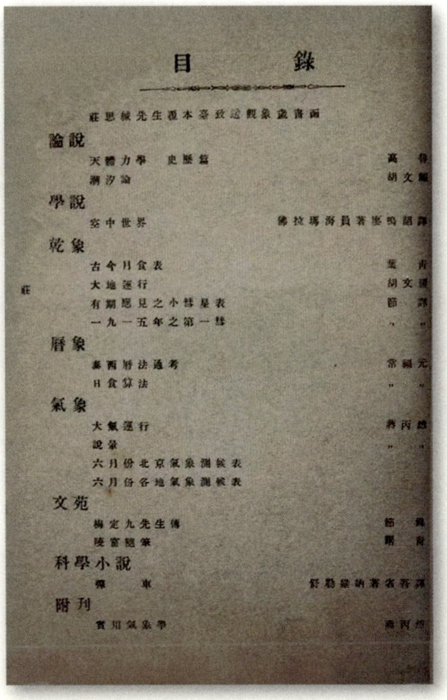

目錄

莊思緘先生覆本臺致送觀象叢報函

論說
天體力學 史歷篇 高魯
潮汐論 胡文耀

學說
空中世界

乾象
古今月食表
大地運行 胡文耀
有期愿見之小彗星表
一九一五年之第一彗

曆象
泰西曆法通考 常福元
日食算法

氣象
大氣運行 蔣丙然
六月份北京氣象測候表
六月份各地氣象測候表

文苑
梅定九先生傳
曉窗隨筆

科學小說
飆車

附刊
實用氣象學 蔣丙然

《观象丛报》创刊号

1921 年中央观象台重修，观测场内设温度表亭、蒸发计亭、雨量计、测云杆、测云镜、太阳热力计、地面及地下 30 厘米、60 厘米、100 厘米温度表；观测场北面设有便道，通往内院，道路西侧设气象仪器室，放有各式气压计、风向风力电表、无线电话等；观象台南城墙设置 25 米、50 米、100 米测雾板，观测项目进一步充实。1928 年中央观象台改组，设天文陈

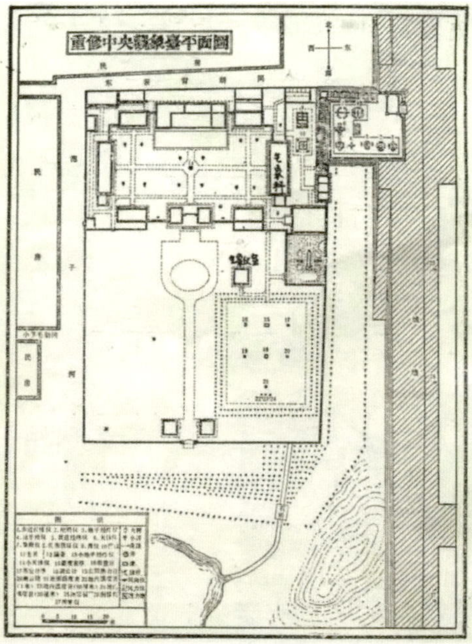

1921 年中央观象台重修时的平面图

当时的北平气象台全景

列馆和北平测候所。1930 年 7 月，北平测候所改称“北平气象台”，先后开展过地面、高空风观测和北平地区短期天气预报工作。

同时期，校园气象也开始发展起来，比较著名的是清华大学气象台，位于清华园内（40°00′N，116°21′E，海拔高度 84.5 米），1932 年 1 月 1 日正式开始观测。该气象台以建设具有最新式的仪器设备、最高级的标准气象台为目标，分别从英、德、法、美等国家订购了大宗气象仪器。可以说，清华大学气象台所配置的观测仪器及有关设备，在当时国内是最先进、最齐全的。清华大学气象台建站初期每天观测两次，观测时间为 09 时、15 时。从 1932 年 3 月开始，清华大学气象台每天观测 6 次（06 时、09 时、12 时、15 时、18 时、21 时），观测项目有气压、温度、湿度、风向风速、云状云量、云速、能见度、雨量、日照、天气现象等，其中，气压、温度、湿度、风向风速有 24 小时自记记录。该气象台所观测的记录由清华大学编印出版《气象季刊》，供社会使用。该气象台观测记录止于 1936 年 10 月。

“七七事变”后，侵华日军占领北平，成立伪华北政务委员会。1939 年 12 月，在北京西直门外万牲园内（今北京动物园）建立华北观象台，归伪华北政务委员会教育总署管辖，下设总务、气象、管理、历书 4 个科，另直辖 9 个测候所及 1 个观测技术员养成所（气象观测员培训机构）。华北观象台于 1940 年 1 月正式开始气象观测，每日观测 6 次，观测时间为 135°E 标准时的 01 时、06 时、10 时、14 时、18 时、22 时。其观测记录《华北气象月报表》现存于中国气象局档案馆。1945 年 8 月日本投降后，由国民政府中央气象局接收华北观象台，改称“华北气象台”。

清华大学气象台旧貌

清华大学气象台（现改称“天文台”）现状

（二）天气预报工作初试

为更好地开展气象服务工作，中央观象台成立后便着手尝试绘制天气图，并准备尝试制作天气预报。绘制天气图需要全国各地乃至全球较广泛的气象资料，要获取这些资料，必须通过气象电报。几经努力，中央观象台气象科争得税务署、电报局及上海徐家汇观象台等各方的支持，并于 1919 年在电报局设立分机，直接用于接收气象数据电报，获得了国内几处及国外东京、长崎、贝加尔湖、马尼拉、关岛等重要观测站共 16 处的气象资料，这些资料每天两次免费以急电拍发至中央观象台。在此基础上，中央观象台开始制作天气预报。1916 年，开始正式以天气图的方法做预报，并每日两次对外

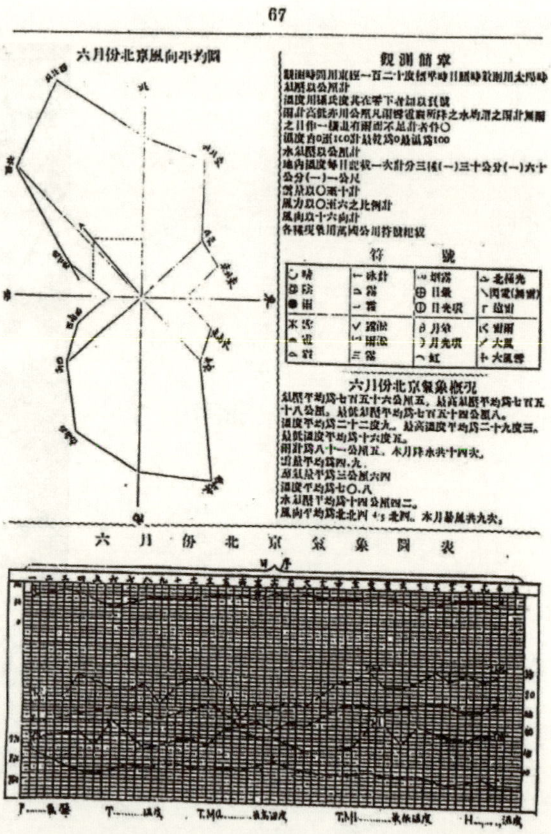

中央观象台观测记录

公布。第一次在白天，每日上午9时在台内悬挂信号旗，旗底为蓝色，预报内容分为风向和天气两项。风向在旗杆上用北、东北、东、东南、南、西南、西、西北8个方位标记，天气分阴、晴、雨、雪、雾等，均用符号表示。第二次在晚间，由北京各报馆向社会公布。用天气图方法预报天气的尝试成功，是我国气象预报工作的一大革新，也成为国内开展预报的先例，是中国气象预报发展历史上的一座里程碑。

数千年来，我国的气象事业的发展十分缓慢。鸦片战争后，国内所有近代气象设施都被外国入侵者操纵，而我国自办的气象事业，正是从中央观象台气象科成立开始的，这是我国气象发展历史上的一个转折点，是我国现代的气象事业的起点。

第二节　中央观象台引领全国气象事业发展

（一）全国气象规划

气象台站的建设，是开展近代气象事业的基础，它关系到农林、水利、军事、交通的发展，也影响着一个国家天气预报和气象研究的水平。中央观象台成立不久，便开始在台内开展观测工作。1914年，北洋政府农商部由于农林方面的需求，曾通令各省农林机构设立气象测候分所26处，但未经一年，便因经费困难，多被迫停办，最后只剩下农商部气象观测总所（位于

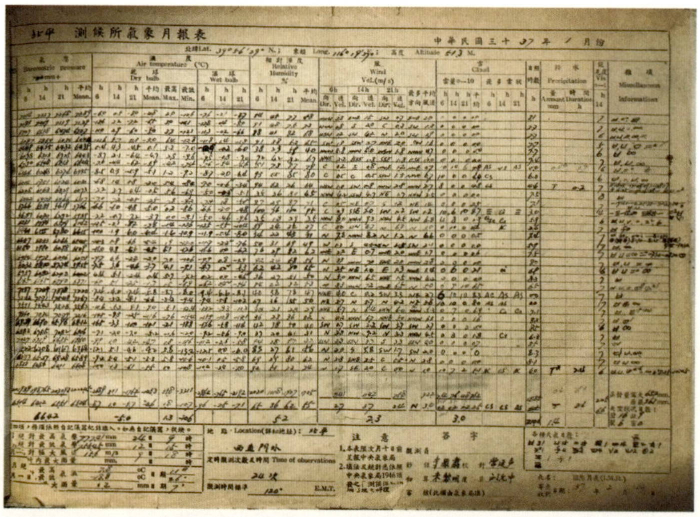

1937 年 1 月北平测候所的观测记录

北京西直门外北洋政府中央农事试验场内，今北京动物园），以及两个气象观测分所——农商部直隶省农事专门学校附设观测所（北京）和山西省农业专门学校附设观测所（太原），勉强维持。我国最早私人设立的专业气象台为 1916 年张謇在南通设立的“军山气象台”。1920 年，为了促进国内气象事业发展，中央观象台拟订了《扩充全国测候所意见书》，提出了在全国扩充测候所的三个理由。其一，根据 1918 年国际航空条约规定，各签字国有义务征集并传布一切统计上或通常或特别的气象见闻。我国是签字国之一，对国际气象传递有义不容辞的责任。其二，在台站建设方面，若自行放弃，由外人自行设立，则与我国主权有关，因此，我国应当加速发展气象事业。其三，我国航空、农、商、工诸社会事业与气象关系密切，扩充测候所非常必要。

基于中央观象台的合理要求，1921 年，北洋政府内阁会议通过了该计划，这给气象工作者以暂时宽慰。根据原计划，全国应设立 40 个测候所，但需要北洋政府真正批复经费的时候，仅通过了兰州、邢台、张北、西安、开封、乌鲁木齐、贵阳、昆明、银川、拉萨 10 个测候所的预算，而且实际上仅建成了 3 个。气象工作者虽以满腔热忱，屡次努力，希望把我国气象事业建设起来，但由于这一时期军阀混战，经济枯竭，扩充全国测候所的希望如昙花一现，最终破灭了。

（二）中国最早气象人才的摇篮

国内的气象教育培训最早当始于 1913 年中央观象台气象科正式成立之后，时任气象科科长的蒋丙然先生在其自传中提及，“因就观象台人员中遴选对气象工作有兴趣而诚实可靠者二人，加以训练”。中央观象台先后培养了林展庵、陈德滋、杨寿龄、夏震龙、陈开源、刘治华等我国早期气象人才。为满足全国测候所对观测人员的需求，1921 年，中央观象台开设第一期气象训练班，训练期限为 3 个月，教授以气象为主，兼天文、地震、文牍等学科，气象理论知识与观测绘图等实践工作并重。第一期气象训练班 30 多人，结业后除数人留在中央观象台各科外，大都分配到全国各地测候所。其中，航空署选派的 10 名学生分配到北京南苑、天津、济南、南京等处设立的航空测候站。1922 年，保定农校观测主任纪寿田来中央观象台实习训练。1923 年，中央观象台开设了第二期气象训练班，所有课程与第一期相同，学成毕业人数有 10 余人，为全国各地测候所补充了观测人员。

（三）筹建中国气象学会

中央观象台台长高鲁及气象科科长蒋丙然，与竺可桢等气象界人士，为谋求气象学术的进步和测候事业的发展，发起组织筹建中国气象学会。

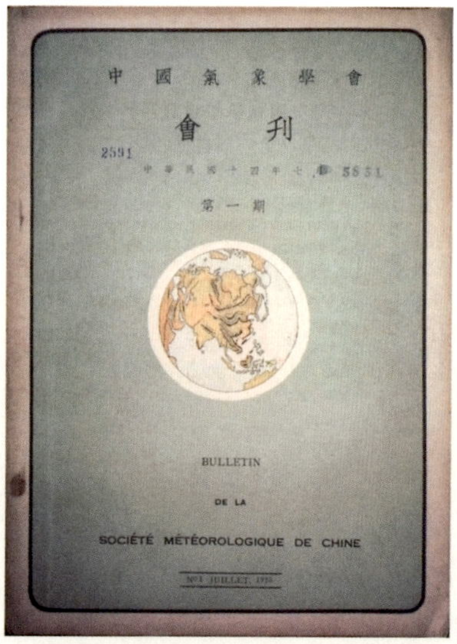

《中央气象学会会刊》创刊第一期

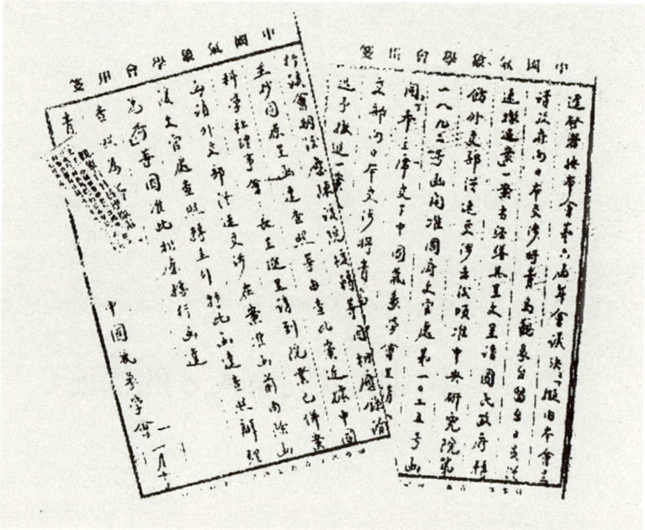
中国气象学会成立时订立的章程

1924年10月10日，中国气象学会在青岛召开成立大会，到会的有16人。会议决定学会会址设在青岛，每年出一期会刊；推选张謇、高恩洪、高鲁为名誉会长，蒋丙然为会长，彭济群为副会长，竺可桢为理事；讨论并制定了《中国气象学会章程》。

第三章
首都气象事业恢复调整阶段

第一节 沿革恢复调整

1949 年 12 月 8 日，中央人民政府革命军事委员会气象局（简称“军委气象局”）在北京宣告成立，新中国气象事业诞生。1950 年 3 月 1 日，军委气象局直属的中央气象台在西郊公园（今北京动物园）成立，接管了旧的气象台站，在原民国政府的华北观象台的基础上，成立了中央气象台，沿用旧观测场址，兼负北京地面观测和高空风观测业务。1951 年，中央气象台增加北京高空气压、温度、湿度的观测，成为北京市的基本气象观测站。

中央气象台西郊公园（今动物园）旧址（20 世纪 90 年代初拆除）

气象观测员绘制天气图、编报

之后，由于机构变动，气象台观测场址几经变迁。1953 年 6 月，由西郊公园向北迁移 800 米至西郊五塔寺 7 号，持续至 1968 年 12 月，观测时间近 15 年，期间，1965—1968 年在大兴县东黑垡气象站同时开展地面气象观测，观测数据用于世界数据交换；1969 年 1 月，迁至西郊板井彰化村，持续至 1970 年 6 月，地面气象观测时间最短，仅 1 年半；1970 年 7 月，迁至南郊大兴县旧宫东，持续至 1980 年底，期间，1972—1979 在西郊五塔寺 7 号同时开展观测工作，至此，高空、太阳辐射观测均与地面观测设在同一地点。

第二节　圆满完成开国大典气象预报服务

尽管机制几经调整，气象观测地址多次迁移，但气象工作者提供的气象服务并没有中断。就在新中国成立前夕，华北观象台为开国大典提供了成功的天气预报服务。

开国大典这一神圣的时刻，天气预报的重要性不言而喻，承担这一工作的便是华北观象台（今中央气象台）。在 1949 年初，接到开国大典天气预报任务的瞬间，华北观象台一片沸腾，几个预报员甚至为此连续兴奋了好几天，这里面当然包括年轻的章淹，因为开国大典当天正好轮到她值班。当时她做预报员才一年多，经验有些不足，听说要为开国大典做天气预报时，那种带着一点儿慌乱的紧张感，她始终难以忘怀。

当年，进行短期天气预报都是以天气图为主要工具，而天气图的整个制作流程全为手工操作。章淹本人回忆："那时候条件差得很。每天就画两张图，一张地面天气图，一张根据地面资料反推出来的 3000 米高空天气图。而且高空天气图是根据一个理想气压推算出来的，数据并不是很准确。"那时，章淹和她的同事们都刚到北京不久，对这里的天气气候并不了解。于是，章淹和她的几个同事一起翻译了一本国外的预报方法书籍，以此作为自己做预报的理论指导。从当下的角度很难想象，那个年代的天气会商是通过一块小黑板完成的。章淹和同事们把各自的预报意见写在小黑板上，得到基本一致的意见后，给报社打电话，将文字内容读给编辑，由报社在晚报上

预报员章淹

刊载。报纸给予天气预报的版面仅仅是个不起眼的角落，刊载内容也仅为“晴”“雨”“昙”①“风”等半文言化的简单字眼。

起初，有的本地观测员说这个时节北京秋高气爽，很少下雨，但也有人说可能会有秋雨。因为实在拿不准，章淹和同事想通过查资料，看看北京秋季的历史天气究竟如何。当时华北观象台可供使用的气象资料很少，几乎找不到什么有价值的参考。焦急之中，章淹突然想起自己在国立西南联合大学读书时，见过清华大学气象系有一套《世界历史天气图》资料，于是便和同事商量去清华大学查阅。“好在最后找到了这套书，书里的资料给我们做开国大典天气预报帮了大忙。”一页一页地翻书，一张一张地查图，逐片逐个地分析天气系统，几乎查遍了所有与北京有关的天气资料……章淹等人终于发现，10月初的北京下雨次数并不少，需要格外注意。

① 章淹曾在访谈中提及，当时很多读者打电话来问什么叫昙天？“昙”字由“日”字和“云”字组成，日头下面有云，表示白天里天空布满了云或者太阳被云朵遮挡。后来预报中便改成了多云、少云。

1949 年 9 月 30 日，当拿到绘制好的地面天气图时，章淹和同事开展了一次缜密仔细的天气会商，经过一次又一次地反复校验，他们给出了第二天的预报结论：晴转阴云相间，风向偏东，风力弱，能见度 4000 米。章淹在预报天气图上签下了自己的名字，一夜辗转难眠……

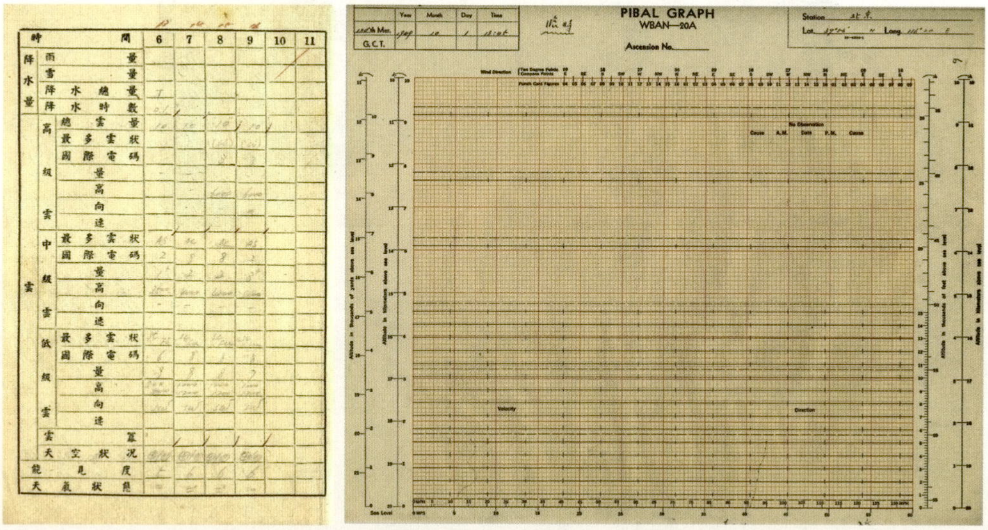

开国大典当天的地面观测记录（左）和高空风观测记录（右）

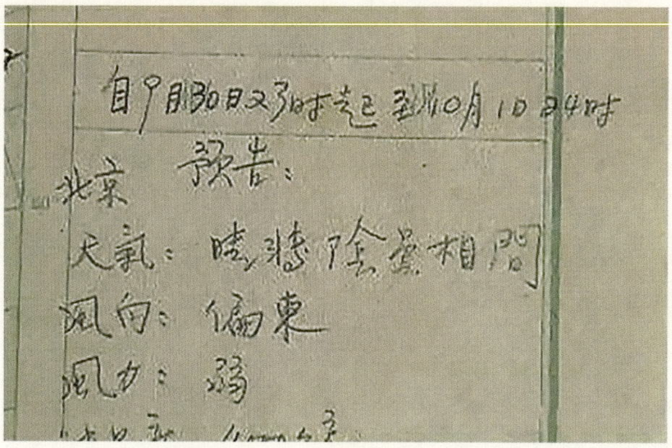
自9月30日20时起至10月1日24时
北京 預告：
天氣：晴轉陰雲相間
風向：偏東
風力：弱

开国大典预报手稿

开国大典当天上午9时，天空开始不断有云聚集，中午还落下了些许雨点，下午的天气看起来很不乐观。“我的心里一直很紧张。幸运的是，15时左右，西北边的天空最先放晴，透出微弱的阳光。”章淹说。不久，一架架飞机腾空而起，轰鸣声、欢呼声响彻云霄。一时间，华北观象台值班室外传来阵阵激动的呼喊声：“快看，飞机来了！飞机来了！”天气没有影响到飞机起飞，空中飞行表演也没有被云遮挡，聚集在天安门广场的人们都看到了精彩的飞行表演。

开国大典当天飞行表演

第四章
首都气象事业进入发展快车道

第一节　北京古观象台从人工观测走向自动化观测

1978 年 9 月，北京古观象台正式归属北京市天文馆管辖。为了北京古观象台的历史延续，且区别于已有的北京市观象台，决定继续沿用原来的名称“北京古观象台”。

1984 年，北京古观象台和北京市气象局达成合作协议，在原观测场上建立古观象台观测站，进行日常气象观测工作，观测项目与观测要求与其他国家基本气象站相同。此项工作共延续了 10 年，为积累城市中心气象资料做出了突出贡献。1995 年停止人工观测，在古观象台内设立自动观测站，继续进行气象观测工作。为体现天文和气象的融合，自动观测站的设备排布采用北斗七星分布特点布局，故称“七星站”。

七星站

第二节　首都气象事业快速发展

1978 年 6 月 21 日，北京市气象局恢复独立建制。1978 年 8 月，北京市气象局党组决定正式成立北京市气象局观象台。首都的气象事业开始进入了快速发展阶段。

（一）建成中国气象局大气探测综合试验基地

1981 年 1 月起，北京国家基本气象站从南郊大兴县旧宫东迁至海淀区北洼路又一村，持续至 1996 年底。1996 年下半年，根据我国大气探测总体规划，中国气象局决定在南郊大兴县旧宫东组建大气探测综合试验基地，将北京市气象局观象台的全部人员编入基地。1997 年 6 月 25 日，中国气象局发文提出，大气探测综合试验基地与北京国家基本气象站是“一个机构、两块牌子”，行政管理纳入北京市气象局序列，业务由中国气象局业务发展与天气司归口管理。1997 年 7 月 1 日，中国气象局大气探测综合试验基地在大兴县旧宫东落成并投入运行。

此时的北京国家基本气象站不仅每天为全国和北京地区的天气预报提供基础数据，还作为中国气象局大气探测综合试验基地，开展各种新型气象观测仪器的观测试验和考核工作。

中国气象局大气探测综合试验基地建成

（二）建成新一代 S 波段多普勒天气雷达站

2008 年北京奥运会的举办对首都气象服务提出了更高的要求。为更好地解决奥运气象服务的需要，进一步提高监测中尺度天气系统的能力及对暴雨、冰雹等强对流天气的监测预警水平，为 2008 年北京奥运会提供世界一流气象服务，由北京市人民政府和中国气象局联合投资，于 2006 年 4 月在北京国家基本气象站建立天气雷达站。新建成的新一代 S 波段多普勒天气雷达可以监视半径为 460 千米范围的地区内台风、暴雨、飑线、冰雹、龙卷等大范围强降水天气，对雹云、龙卷气旋等中小尺度强天气现象的有效监测和识别距离可达 230 千米，可在距离雷达 150 千米处识别雹云中尺度为 2 ～ 3 千米的核区，或判别尺度为 10 千米左右的龙卷气旋，实现 24 小时全天候全覆盖预警监测，为首都气象保驾护航。2006 年 9 月，北京市气象局观象台改称北京市观象台，2007 年 4 月，该雷达站正式归属北京市观象台管理。

在 2008 年奥运会开幕式当天，这部雷达发挥了重要作用。从新疆缓慢向华北地区推进的冷空气、久久盘踞在渤海湾的副热带高压系统，以及刚刚登陆我国东南沿海的强热带风暴“北冕”，共同构成了影响我国的三大系统，加之北京地区地形复杂、天气多变等客观原因，开幕式期间的天气形势变得异常复杂。开幕式当天 7 时 20 分，在河套地区形成的降雨云系不断加强，并向北京进发，气象部门开始利用北京国家基本气象站雷达严密监测这个云系。它走得快一点、慢一点，或是加强一点，都有可能对开幕式造成影响。16 时，根据雷达回波，北京市人工影响天气指挥中心开始组织火箭从西线拦截。21 时，雷达显示南部和北部降雨云系即将连接，为阻止南部和北部降雨云系的连接，在雷达回波强度监测的指示下，人工影响天气指挥中心迅速组织作业，成功地阻止了南北降雨云系的连接，并使得云系减弱。呼叫、联络、回复，又一轮超强的消雨作业完毕后，雷达回波正在逐渐减弱，此时已是 22 时 42 分。根据雷达回波情况，再综合其他监测和预报手段，气象专家作出判断，开幕式结束前，鸟巢将不会下雨。直到开幕式结束，国家体育场鸟巢滴雨未下。北京国家基本气象站雷达在本次奥运会开幕式当天的天气监测中立功了，对降雨云系的实时跟踪，指导人工影响天气作业，提供了有效的监测手段，发挥了重要的作用。

到 2024 年，北京国家基本气象站的天气雷达已连续运行接近 18 个年头，为进一步增强其监测功能，雷达升级为双偏振多普勒雷达。升级完成后，其功能更加完备强大，将为工农业生产和人民生活提供更好的气象服务保障。

（三）地面气象观测引领示范

地面观测业务是每个台站气象观测业务的基础，也是重中之重，北京国家基本气象站作为一个百年老站也不例外，自建站以来一直关注地面观测业务的发展，并引领全国地面观测业务发展。在北京市气象局引领下，北京国家基本气象站地面观测业务已经全面实现自动化观测，并在全市范围内建成了由 600 多个不同级别自动站组成的地面观测系统网，自动站密度实现了市区平均间距 2 ～ 3 千米、郊区 3 ～ 5 千米。数据采集传输时效达到了分钟级，为气象预报和预警服务提供了高密度、高精度、高时效的数据支撑。

推动全国地面观测业务发展进程的，有气象历史长河奔流的驱动，更有诸多默默奉献的台站坚持不懈的努力，北京国家基本气象站就是其中之一。从起初地面观测业务全为人工观测，到 2020 年全国地面观测业务全面实现自动化，每一步的实现都有北京国家基本气象站的身影。1999 年 7 月 1 日对于北京国家基本气象站是一个具有历史性转折意义的日子，芬兰 Milos 500 自动站被首次应用到中国地面观测站网，全国共选取了 5 个试点站，北京国家基本气象站是北京地区唯一被选取的台站。北京国家基本气象站作为中国气象局推进气象观测自动化的示范站，其试点业务的开展对我国地面气象观测自动化发展起到了引领示范作用，对推进我国地面气象观测自动化进程有重要意义。我国气象部门自 20 世纪 50 年代末 60 年代初开始引进和自行研制自动气象站以来，这是第一次将其正式投入地面气象观测业务运行，自此，我国国家基本气象站网完全人工进行地面气象业务观测的历史结束。

北京国家基本气象站新一代 SA 多普勒天气雷达

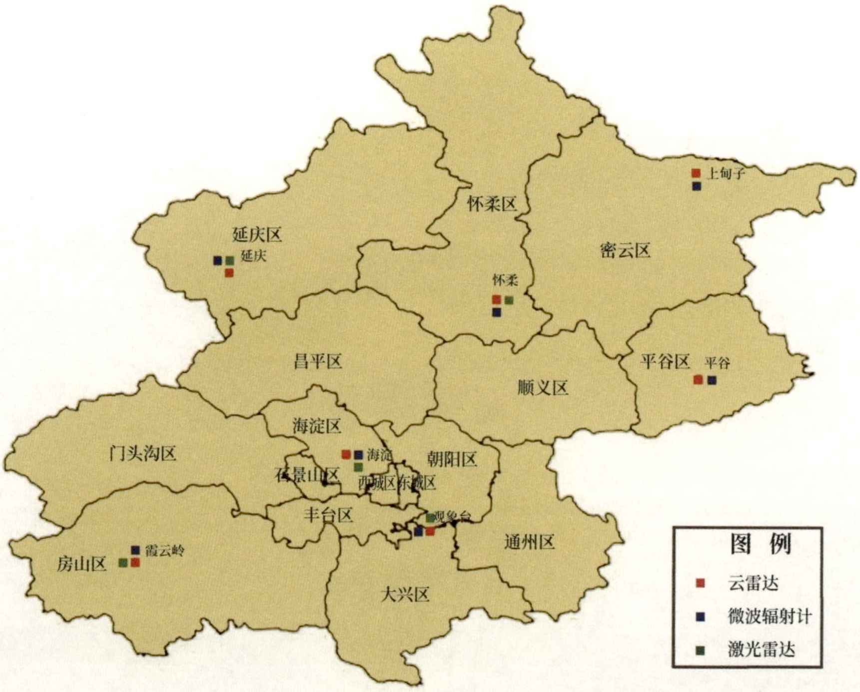

北京地面自动站分布（截至 2024 年 6 月）

2002 年，北京国家基本气象站又作为试点站，首次引进 CAWS600 自动站。CAWS600 型自动气象站是中国自行研发的自动站，于 2001 年 9 月获得了中国气象局颁发的使用许可证，这是中国气象科学研究院获得的第一个科研成果转化成产品的科研项目。2004 年 1 月 1 日，CAWS600 自动站正式业务运行，北京国家基本气象站真正意义上实现了地面自动化观测——此前 Milos 500 只是试点，和人工并行观测，观测记录仍以人工为主，本次 CAWS600 自动站真正开始应用于业务记录，从此由人工步入自动化观测阶段，这是一次历史性的转折。在自动站技术发展多年的今天，自动站完全实现了国内自主研发，在观测站观测项目也已全部实现自动化观测的情况下，2020 年 4 月中国气象局宣布实现全面自动化观测，北京国家基本气象站又经历了一次飞跃。这标志着北京国家基本气象站正式迈入地面气象观测全面自动化时代，将以更高水平的气象现代化建设成果服务保障经济社会发展和人民幸福安康。地面气象观测全面自动化的巨大变化，是大数据、人工智能等科技不断发展后的水到渠成。以此为新起点，北京国家基本气象站将着力解决应急观测、设备维护、质量控制、产品研发和提升服务能力等面临的新考验。北京国家基本气象站将瞄准“监测精密”的目标，发展全时全域全要素的综合气象观测，深耕业务能力建设，以现代化建设推动气象事业高质量发展。

（四）国家一级辐射站历史传承发展

1947 年 1 月至 1948 年 12 月，北京国家基本气象站用鲁贝齐式日射自计仪器在西郊公园开展太阳总辐射观测，开创了北京地区器测太阳辐射的新起点。1956 年，根据国际地球物理年开展国际科技合作的要求，建立太阳辐射甲级站，1970 年 7 月迁至大兴县旧宫东（39°48′N，116°28′E），1981 年 1 月又迁至海淀区北洼路又一村（39°56′N，116°17′E），观测项目有太阳直接辐射、散射辐射、总辐射、短波反射辐射、辐射平衡。1990 年开始使用遥测自计仪器后，观测项目有总辐射、直接辐射、散射辐射、反射辐射、净辐射，观测要素达到了一级辐射站的配置要求。现如今，北京国家基本气象站为一级辐射站，设备采用全自动跟踪辐射传感器，跟踪精度和观测数据质量都有了很大的提高。

（五）全国新一代高空探测业务的诞生地

1930 年 9 月 16 日，北京国家基本气象站开创高空测风业务，1946 年以后，进行了比较系统的高空风观测，每天观测一次高空风向风速。1951—

1970年，先后由中央气象台、中央气象局气象科学研究所和北京国家基本气象站承担高空探测业务，观测项目增加为风向、风速、气压、气温、湿度，1970年以后高空探测业务全部交给北京国家基本气象站。探测时次，1957年确定为每日01时、07时、13时、19时4个时次测风和探空，1988年调整为4次测风、两次探空，1990年改为3次测风、两次探空，时间为01时15分、07时15分、19时15分，其中后两个时次为综合探空，该探测时次一直沿用到现在。高空测风使用的仪器：1963年以前，先后使用过德国阿斯卡尼亚经纬仪、国产58型经纬仪、无线定向仪，1963年开始使用

59-701C型高空气象探测雷达

701 测风雷达，1990 年改用 701B 型测风雷达，1994 年改为 701C 型测风雷达。高空探测仪器：1951—1954 年使用美式探空仪，1955—1960 年使用芬兰 RS–13 型探空仪，1960—1962 年使用国产 GZZ–59 型电码式探空仪，1962—1964 年使用仿苏 P3–049 梳齿式探空仪，1964 年以后使用国产 GZZ–59 型电码式探空仪。

于 1990 年 11 月投入使用的 GZZ–59 型电码式探空仪与 701B 型测风雷达，全部为国产仪器，并且实现了探空记录自动接收与数据处理，这是探空业务的一次跨越。到 1996 年，中国气象局通过了《气象综合探测系统高空气象探测系统和地面观测系统发展规划（1991—2020 年）》。该规划指出，我国高空气象探测技术和业务的状况已远远不能满足气象综合观测系统建设的迫切需求，应发展我国新一代高空气象探测系统，迎头赶上世界先进水平。1996 年 6 月，中国气象局听取了《我国未来高空气象观测体制的建议报告》，经充分认真讨论，最后决定，我国新的高空气象观测体制发展新的 L 波段二次测风雷达 – 电子探空仪系统为主要过渡系统。这一决定为我国跨世纪高空气象观测体制的新发展指明了方向，中国气象事业迈上了新一代高空观测系统的研制和业务建设征程。

经过努力，南京大桥机器厂生产的 L 波段雷达和上海长望气象科技公司研制的 L 波段数字式探空仪达到了功能规格方面的要求，并进行了设计定型。定型后的新一代 L 波段高空气象探测系统首先在北京国家基本气象站进行了为期一个月的业务化考核，并于 2001 年 12 月通过业务验收。2002 年 1 月 1 日，我国第一部 L 波段高空气象探测系统在本站正式投入使用，标志着我国高空气象观测体制跨过了一个新的里程碑。从此，探空实现了硬件自动跟踪、软件自动绘图，进入全面自动化时代。北京国家基本气象站在推进新一

全国第一部L波段高空气象探测系统考核

代高空气象探测系统方面也做出了重大贡献，作为中国气象局大气探测综合试验基地，开展了多次放球试验以及定型前的系统设计工作；后期该系统推广期间，北京国家基本气象站的赵琼、王志文同志作为专家多次受邀向全国兄弟台站授课推广。

2023年，北京国家基本气象站被选为第三代探空系统——北斗探空系统组网观测示范业务化试点。北斗探空系统由北斗卫星确定探空气球位置，通过布置北斗探空站、北斗探空接收站、探空远程中继控制站，获取稳定可靠的连续性数据。相较于第二代L波段探空系统的1次放球获取1次大气廓线观测数据，北斗探空系统采用的往返平漂技术实现1次放球获取2次大气廓线观测数据和4小时时长的平流层观测数据，打破了已使用上百年的高空观测模式。

北斗探空系统将现有高空风的测量准确性提升了一个数量级，为数值预报和天气分析提供了更为精准的数据。与现行 L 波段业务探空相比，其采用北斗导航定位技术，定位精度达到国际先进水平，测风误差由每秒几米提高到每秒零点几米。往返平漂技术还将实现高性价比获取平流层气象资料，对于气候数据分析和数据集研制应用等领域具有重要意义。

伴随着升级换代，北斗探空的数据传输也迎来革命性变革。目前，通过构建“云 + 端”地一空物联传输模式，突破信号跨区接收和全网统筹控制的关键技术，能够打通国家级和台站的上下行通信链路，实现对重点区域的目标观测，完善预报和服务的紧密协同。

L 波段二次测风雷达

中国气象局计划到 2025 年，基本完成全国气象探空业务系统升级换代和业务准入。未来，气象部门还将不断对北斗探空系统各项技术进行优化升级工作，并力争将相关技术成果推荐作为世界气象组织的技术规范，让世界共享中国探空的优秀成果。

（六）建成全国首个 X 波段雷达协同观测网

为实现超大城市立体观测，达到“气象服务效益更明显，气象监测预警更精准，气象社会管理更深入，气象发展环境更优化”的发展目标，北京国家基本气象站在北京市气象局的引领和支持下，在全市范围内投入 X 波段雷达网的建设，在国内率先建成由 9 部 X 波段雷达组成的天气雷达预警网，实现首都上空全覆盖，雷达扫描速度比原有 S 波段天气雷达提高了一倍，对天

天气雷达协同观测网

气过程响应更及时，为首都气象增添了防灾减灾的利器。目前，在原有 2 部 S 波段双线偏振雷达正常业务运行的情况下，9 部 X 波段双线偏振雷达（全部选用敏视达雷达）也已投入业务运行，同时，北京市政府还在北京上游天气系统河北地区（怀来和涞源）投资建设了 2 部 X 波段天气雷达。北京地区现拥有全国最密集的雷达探测网络，初步建成由多部雷达组成的协同观测网，北京也率先开始开展雷达协同观测技术的研究，走在了全国气象行业的前列。

（七）保障应急服务先锋号

北京国家基本气象站多次承担首都大型活动的应急保障任务，截至 2023 年，圆满完成三百余次重大活动现场气象服务应急保障有关任务。在危险化学品应急事故救援实战演练、京津冀冰雪天气交通保障应急联动综合演练、核事故通信应急专项演练、森林灭火演练、中国人民抗日战争暨世界反法西斯战争胜利 70 周年纪念活动、烈士纪念日向人民英雄敬献花篮仪式、2022 年冬奥会、2015 年北京田径世界锦标赛、2014 年 APEC、2017 年“一带一路”国际合作高峰论坛、2018 年中非合作论坛北京峰会、全国两会、2019 年“一带一路”、2019 年亚洲文明对话大会、2019 年中国北京世界园艺博览会等重大活动及演练的现场都有北京国家基本气象站应急团队的身影。北京国家基本气象站应急队管理得法、人员与装备保养得当、操作与处置得力，所提供的现场气象保障工作获得多方好评，取得突出成效，屡次获得上级领导表扬与肯定，也切实为重大活动提供了强有力的气象应急保障支撑。甘于奉献，牢记使命，在新时代新征程上，北京国家基本气象站将全力以赴继续做好首都各项重大活动的气象应急保障服务工作。

2018 年 9 月 30 日，烈士纪念日向人民英雄敬献花篮仪式现场气象应急保障

（八）职能合并重组

2017 年 1 月 1 日，北京市观象台和北京市气象探测中心整合工作职能，组建兼具综合探测、装备保障职能的北京市气象探测中心（北京市观象台）。新组建的探测中心以业务为基础，以科技为支撑，实现观测、探测、保障一体化，打造“观测基地、培训基地、试验基地、科普基地”的综合气象观测和保障体系，为研究型业务转型和全面推进探测业务深化改革奠定了坚实的基础。

（九）建成国家气象科普教育基地

北京国家基本气象站自 2005 年便开始开展科普工作，起步较早，科普资源较为完备，打造了以综合观测为特色的基地形象及以“小小气象观测员”“气象小记者”等为特色的品牌研学活动。目前，科普展教面积达 1 万平方米，包括气象科普馆、4D 影院、科普多媒体教室、科普专用国家级气象观测场、科普高空放球场、风洞实验室、天气雷达展馆、气象历史文化公园等，科普设施建设较为完备。拥有一支专业的科普团队，从内容设计、产品研发、推广运营等不同方向，按照分工协作的原则，牵头完成各项科普工作，加强科普责任落实。通过不断发展，单位现已有 24 名科普骨干，活跃在基地的各类科普活动中，在各类气象科普活动宣传和组织中起到了至关重要的作用。科普骨干又带动了周边业务人员，培育更多科普人才去从事科普工作。目前，这里已发展成为北京地区最大的综合气象观测科普教育基地，并逐步向国家级示范科普教育基地靠拢。

近年来，北京国家基本气象站为了支撑科普方面的业务，加大改革创新力度，成立科普培训专业科室。集聚科普骨干力量，整合单位气象科普资源，搭建科普研学平台，凭借百年气象历史文化底蕴，利用现代化的综合观测系统，开辟了气象研学的前沿阵地，走在了全国气象部门的前列。

2020 年 12 月，北京国家基本气象站被中国气象局、科学技术部联合认定为国家气象科普基地，成为首批 16 家基地之一，正式步入国家级科普基地行列。作为国家级气象科普基地，多次承办了“3·23”世界气象日、“5·12”全国防灾减灾日、全国科普日等重大科普活动。此外，作为北京市气象局科普窗口，除开展节日性重大科普活动外，北京国家基本气象站还开展日常科普活动，接待社会团体、中小学生团体、高校团体。为满足各类团体科普和专业认知需求，台站常年开放，每年接待人数达上万人。随着科普工作的深入开展，台站取得了一定的成绩，也获得了各类基地称号，自 2012 年以来，陆续被评为“全国气象科普教育基地”“北京市科普教育基地”“北京市科普体验之旅开放单位”“全国科普教育基地”“全国中小学生研学实践教育基地”“北京市中小学社会实践大课堂资源单位”“科技馆之城科技教育体验基地”。

国家级气象科普基地授牌

（十）超大城市试验

随着中国城镇化进程的推进，超大城市逐步成为都市圈和城市群的核心。但近年来，我国超大城市及城市群气象环境发生显著变化，极端天气频发，这给人口聚集的超大城市造成了非常大的影响。而超大城市边界层垂直探测资料缺乏，成为制约短时临近预报以及城市应急气象保障服务的主要因素之一。

针对这一问题，由中国气象局气象探测中心牵头，联合 10 余家单位和学校，组织开展了超大城市气象观测试验，利用毫米波测云雷达、风廓线雷达、微波辐射计、激光雷达等新型地基遥感设备，对风、温、湿、水凝物、气溶胶等要素廓线开展连续观测。北京国家基本气象站作为北京市气象局骨干参与单位之一，依托当前垂直廓线探测系统，在北京地区建成 7 个综合垂直大

北京地区 7 个综合垂直大气廓线观测站

气廓线观测站，观测设备包括拉曼－米激光雷达、毫米波测云仪、微波辐射计、风廓线雷达等，为获取连续可靠的五条廓线数据提供了有效支撑，构建了北京地区以地基遥感观测为主的增强观测网，实现从大气边界层气溶胶、整层大气廓线到高层云垂直结构观测，从而弥补北京地区对超大城市综合观测的不足。

（十一）为北京 2022 年冬奥会提供有力保障

为满足 2022 年北京冬奥会气象服务的需求，为冬奥北京赛区灾害性和赛事高影响天气、气候预测预报提供有效支撑，提高冬奥会精细化、专业化气象预报服务水平，北京国家基本气象站为冬奥构建了高山滑雪赛场梯度气象观测系统，联合北京冬奥组委和国际滑雪专家实地勘察高山滑雪赛道、单板大跳台赛场分布特征，在赛道关键区域布设了梯度气象观测系统。根据不同赛事项目对气象服务的具体需求，升级改造了延庆周边及城区自动气象站，新建 16 套、改造 22 套，全面提升了气象要素冬季监测能力，形成适应冬奥会需求的综合探测系统，满足冬季运动项目对气象服务需求。同时，依托北京市人工影响天气办公室、北京城市气象研究院项目支持，在延庆赛区周边（西大庄科、闫家坪及佛峪口）初步搭建了垂直观测站网，观测设备包括微波辐射计、云雷达、风廓线雷达等，实现垂直方向温度、湿度、云、风向、风速等重要气象要素的观测。核心区内海陀山建成新一代 S 波段双偏振多普勒天气雷达一部，海陀山雷达系统具备双偏振探测功能，能够更精细地探测获取降水、降雪以及冰雹等雷达回波特征，提高雷达对降水粒子相态识别能力和降水估测水平。为赛区监测预警各类强对流天气提供了强有力的支撑。

冬奥赛区梯度气象观测系统

第五章
百年积淀 传承发展

第一节 百年积淀，初心不变

北京国家基本气象站，历经百年沧桑，任凭风云变幻，坚守初心不变。

这座百年气象台站，记录着晴雨冷暖、气候变迁，守护着一方天地、百姓平安。

北京国家基本气象站观测场现状

2020 年，北京国家基本气象站以近 300 年（1724—2020 年）的观测记录，成为当时全球观测时间最长的百年台站。300 年如一日，北京国家基本气象站的观测员秉承科学精神，以“准确、及时、创新、奉献”为宗旨，日复一日地坚持气象观测工作，积累了宝贵的气象数据资料，见证了近现代气象事业发展的历史、文明与科学的进步。历史文化是城市的灵魂，百年观测是气象站的勋章。为了镌刻、传承这段宝贵的历史，2017 年，北京国家基本气象站启动了百年气象溯源工作，对北京整个气象观测历史脉络、观测数据资料进行梳理溯源、分析研究，并进一步应用于文化建设，成果渐丰。一是对百年观测数据进行分析研究。2024 年，团队应用新方法对 1915—2021 年北京观象台逐日气温序列进行数据分析，获得了该站均一化的长期气温序列，继而量化了该站百年尺度的气温变化特征，并将这一成果发表在《国际气候学杂志》（*International Journal of Climatology*）。二是将百年气象发展历史以百年展的方式呈现，不仅在世界气象日期间对外开放向公众展出，还受邀参加了北京科学中心等举办的多场公益性巡展活动，为基层群众特别是青少年提供公益性科学教育服务。三是气象历史文化公园即将建成。为将溯源的仪器、文献资料落地，一个占地 5000 多平方米的气象历史文化公园即将在北京市观象台建成。公园以气象历史发展脉络为主题，设计建设气象文化小品、文化墙以及不同历史时期的气象观测设备模型等，科普展示多种多样，并将气象文字、古诗词、谚语、符号等雕刻在景石上，通过艺术化手段加以表现，更加生动形象地演绎气象知识，从而拓宽了气象历史文化和科普教育的新路径。

希望通过这些方式，将百年气象历史文化传承下去，为后人留下一笔厚重的财富。

第二节 传承发展，再赋新篇

新中国成立后，首都气象事业经历了基础性机制调整及业务恢复阶段。在改革开放后，首都气象事业迅速发展起来，北京国家基本气象站气象业务发展也乘风破浪，观测业务改革稳步推进，气象观测科技创新持续发力，初步建成较为完善的“天、空、地”三位一体综合气象观测体系，从单一气象观测到多要素观测，气象观测能力显著增强，为气象防灾减灾、应对气候变化和生态文明建设提供了有力支撑。在北京市气象局领导下，北京国家基本气象站对全市站网进行布局规划，在全市建成由600多个自动站组成的地面观测网，站点密度之大前所未有，城区平均2～3千米，郊区3～5千米，时效达分钟级。建成由9部X波段雷达和2部S波段雷达组成的天气雷达网，实现北京上空天气监测全覆盖。依托北京市气象局“十三五”规划垂直观测能力建设项目，北京国家基本气象站引进了微波辐射计、测风激光雷达、气溶胶激光雷达、毫米波云雷达、微雨雷达等多种新型地基遥感观测设备，观测内容涵盖了温度、湿度、污染物、风速、风向、水汽等多种廓线，新型设备观测灵活，观测内容更为丰富，和传统观测设备互为补充，显著提升了北京地区气象灾害监测预警能力和天气预报的准确率、精细度，并使得气象观测的资料可靠性、连续性、项目多样性、时效性、覆盖面不断提高。

观测是气象工作的立业之基、立足之本。北京国家基本气象站正瞄准现代化气象战略目标，增强履职尽责的责任感、使命感、紧迫感，坚持强国目标牵引，引领全国观测方向，推动更高水平的观测现代化。运用智慧气象方法理念，构建以数据为中心的观测信息化体系，加强高新技术在观测领域体系化运用，着力提高气象观测自动化智能化水平。进一步完善观测业务网，优化站网布局，加快构建适应需求的全市观测业务体系。在保持基本业务高质量运行的前提下，面向研究型业务基本业态，找准研究型观测业务突破口，探索统筹集约的研究型业务布局，大力发展研究型观测业务。

虽然相对于历史的长河，百年犹如一瞬间，但经历了百年大潮的风云变幻，这座台站依然留下了沧桑痕迹。今天，在时代的召唤下，它更具生机，焕发了新的风采。北京市国家基本气象站继承中华民族光荣文化传统，发扬老一辈气象人事业情怀，面对新时代，面向新征程，将不断创新，迎接挑战，乘风破浪，继往开来。

参考文献

北京市气象局气候资料室，1987. 北京气候志 [M]. 北京：北京出版社 .

陈遵妫，2006. 中国天文学史 (上)[M]. 上海：上海人民出版社 .

储文娟，王挺，吕凌峰，2015. 北京地区清代钦天监初雷天气记录分析 [J]. 古地理学报，17(1):129-136.

崔石竹，1998. 北京古观象台历史沿革和文物保护 [J]. 天文爱好者 (3): 8-11，14.

顾长声，1991. 传教士与近代中国 [M]. 第 2 版 . 上海：上海人民出版社 .

申充，耿艺，2008. 古观象台：风雨涅槃五百年 [J]. 中华遗产 (5): 94-111.

沈云龙，1992. 大清会典 [M]. 台北：文海出版社.

王挺，吕凌峰，储文娟，2018. 清钦天监气象工作的考察 [J]. 中国科技史杂，39(1): 35-47.

温克刚，2004. 中国气象史 [M]. 北京：气象出版社 .

吴增祥，2007. 中国近代气象台站 [M]. 北京：气象出版社 .

吴增祥，2014. 1949 年以前我国气象台站创建历史概述 [J]. 气象科技进展，4(6): 60-66.

严雪，2023. 黄河流域气象文化的变迁——从“呼风唤雨”的梦想，到“观云测天”的实践 [N]. 中国气象报，2023-06-19(4).

张德二，王宝贯，1990. 用清代《晴雨录》资料复原 18 世纪南京、苏州、杭州三地夏季月降水量序列的研究 [J]. 应用气象学报 (3):260-270.

张德二，刘月巍，2002. 北京清代“晴雨录”降水记录的再研究：应用多因子回归方法重建北京 (1724—1904 年) 降水量序列 [J]. 第四纪研究，22(3):199-208.

张璇，彭煜清，2014. 民国时期我国气象事业发展初探：以史镜清为例 [J]. 黑龙江史志 (13):85-87.

中国第一历史档案馆，北京天文馆古观象台，1996. 清代天文档案史料汇编 [M]. 郑州：大象出版社.

中国气象局，2021. 气象往事：中国气象科技展馆里的故事 [M]. 北京：气象出版社.